The Bias That Divides Us

我侧思维

认知偏差如何撕裂社会

The Science and Politics of Myside Thinking

Keith E. Stanovich

[美] 基思·E. 斯坦诺维奇————著

李东辉　石骏晖————————译

世界图书出版公司

北京　广州　上海　西安

图书在版编目（CIP）数据

我侧思维：认知偏差如何撕裂社会 ／（美）基思·
E. 斯坦诺维奇著 ； 李东辉，石骏晖译 . -- 北京 ： 世界
图书出版有限公司北京分公司，2024. 8. -- ISBN 978-7-
5232-1382-7

Ⅰ．B842.1

中国国家版本馆 CIP 数据核字第 2024LX0886 号

书　　名　我侧思维：认知偏差如何撕裂社会
　　　　　WOCE SIWEI: RENZHI PIANCHA RUHE SILIE SHEHUI
著　　者　〔美〕基思·E. 斯坦诺维奇
译　　者　李东辉　石骏晖
责任编辑　杜　楷
特约编辑　吕梦阳
特约策划　巴别塔文化
出版发行　世界图书出版有限公司北京分公司
地　　址　北京市东城区朝内大街 137 号
邮　　编　100010
电　　话　010-64038355（发行）　64033507（总编室）
网　　址　http://www.wpcbj.com.cn
邮　　箱　wpcbjst@vip.163.com
销　　售　各地新华书店
印　　刷　天津鸿景印刷有限公司
开　　本　880mm×1230mm　1/32
印　　张　11.5
字　　数　209 千字
版　　次　2024 年 8 月第 1 版
印　　次　2024 年 8 月第 1 次印刷
版权登记　01-2024-2670
国际书号　ISBN 978-7-5232-1382-7
定　　价　79.00 元

如有质量或印装问题，请拨打售后服务电话 010-82838515

前 言

在 2016 年总统选举之后，选民能够获得的关于重要议题和候选人的信息的准确性引起了人们的普遍关切。对于所谓的"虚假新闻"对选举产生了多大程度的影响，人们展开了辩论，并开始担忧社交媒体的仲裁者会进行有偏差的新闻报道和审查。意识形态两端的人都认为媒体未能以不偏不倚的方式呈现信息。两极分化的选民似乎从截然相反的角度来看待世界。2017 年 4 月 3 日，《时代》（*Time*）杂志以"真相已死？"（"Is Truth Dead?"）作为封面标题。许多文章和专栏悲观地断言：我们的社会已经成为一个"后真相"（post-truth）社会——《牛津英语词典》的编辑已将这个词评为 2016 年年度词汇。

尽管它很受欢迎，但我不会在这本书中使用"后真相"这个词语。因为有时这个词被认为在暗示我们当前的社会没有重视真相。然而，我们当前社会困境的症结并不是我们已经开始无视真相或对它变得漫不经心，而是我们在**选择性**地展现我们的后真相倾向。政治辩论中的任何一方都不会认为社会中的一切都是后真相的。我们真正相信的是，我们的政治**敌人**是后真相的。我们不会认为我们在媒体上看到的一切都是假新闻，只有我们的政敌散布的新闻才是。我们相信**我们的**真相，相信**我们的**新闻。我们重视真相和事实——如果它们支持我们观点的话。

我们的社会正在遭受的其实是**我侧偏差**（myside bias）：我们以偏向自己旧有信念、观点和态度的方式来评估、生成证据和验证假设。我们并非生活在一个后真相社会，而是生活在一个我侧社会。我们的政治危机缘于我们无法趋同于普遍接受的事实和真相，而并非缘于我们无法重视或尊重事实和真相。在科学实践中，存在一些机制使真相得到趋同的认可，比如公开讨论确定的操作性定义。然而在现实生活中，我们往往带着我侧偏差来定义概念，在这种倾向下，证据不会像科学那样导向趋同的结论。

我们面临的是我侧偏差问题，而不是灾难性的全社会对真相概念的抛弃。这在某种意义上也许是个好消息，因为我侧偏差已经在认知科学中得到了广泛的研究，理解它可能有助于减轻我们目前政治分裂的祸患。

在第一章中，我将向读者介绍一些用来研究我侧偏差的范式。我将展示来自不同学科领域的行为科学家是如何在实验室中研究我侧偏差的。我们将看到这种特定的偏差无处不在——这是已被研究过的最普遍的偏差之一。在第二章中，我将讨论一个令人忧虑的问题：我侧偏差似乎有很多负面影响，那么它是否真的应当因此被视为一个推理错误？抑或它再一次体现了存在即是合理？

虽然心理学家已经研究了相当多的思维偏差，但我侧偏差在许多方面是一种不寻常的偏差。在第三章中，我将讨论如何从各种认知能力（例如智力和执行功能）和与理性相关的思维倾向中预测大多数已经研究过的偏差。相比之下，从认知和行为功能的标准化测量来看，我侧偏差是不可预测的。此外，我侧偏差是一种几乎不具有领域一般性的偏差。也就是说，一个领域中的我侧偏差并不能很好地预测另一个领域中展现出的我侧偏差。它可谓是在个体差异层面上最不可预测的偏差之一。简而言之，我侧偏差是一种离群的偏差，它会带来重要的社会、政治和心理影响。

正是因为我侧偏差是一种离群的偏差，所以我们需要一种不同类型的模型来研究它——一种不将它与心理学家研究的传统认知能力和人格维度联系起来的模型。在第四章中，我将论证、关注后天习得信念的性质，而非认知过程的模型，为研究我侧偏差提供更好的框架。

因为我侧偏差不易从传统心理学测量中预测，所以在第五章中，我将解释，我侧偏差是如何在认知精英中创造出一个真正的盲点的。那些认知精英（智力、执行能力或在其他受重视的心理倾向上有较高水平的人）在被问及其他众所周知的心理偏差（过度自信偏差、遗漏偏差、事后聪明偏差、锚定偏差等）时，他们常常预测自己比其他人的偏差更少。他们的这种预测通常是正确的，因为认知的复杂性与避免大多数已被研究过的认知偏差的能力有一定相关性。但是，因为我侧偏差是这一趋势的例外，所以在这方面认知精英们最常对他们自己评价过高——他们往往认为自己不偏不倚，而事实上他们和其他人一样有偏差。

在第六章中，我探讨了这种偏差盲点如何导致我们当前政治的意识形态出现极化，并且以一种令人沮丧的新趋势极化：对大学研究——作为紧迫社会问题的客观仲裁者——的信任下降。我将讨论可以做些什么来阻止各种我侧偏差的影响，这些我侧偏差导致了我们恶劣的政治，并且干扰我们作为一个国家团结一致的能力。

目 录
CONTENTS

第一章

我侧偏差的多种面貌

我侧偏差发生在各种各样的判断领域当中。它在人口统计学的所有群体中都会显现出来，甚至在专业推理者、受过高等教育者和高智商者身上都会有所体现。它已经在各种学科领域的研究中得到证实，包括认知心理学（Edwards & Smith, 1996; Toplak & Stanovich, 2003）、社会心理学（Ditto et al., 2019a）、政治学（Taber & Lodge, 2006）、行为经济学（Babcock et al., 1995）、法律研究（Kahan, Hoffman et al., 2012）、认知神经科学（Westen et al., 2006），以及非形式推理的文献（Kuhn & Modrek, 2018）。人们已经在信息加工的每个阶段都发现了我侧偏差的产生。也就是说，研究显示了这样一种倾向：人们对证据的搜索、评估、采纳，对结果的记忆，以及证据的生成过程都是有偏差的（Bolsen & Palm, 2020; Clark et al., 2019; Ditto et al., 2019a;

Epley & Gilovich. 2016; Hart et al., 2009; Mercier & Sperber, 2017; Taber & Lodge, 2006）。

表1.1展示了使用不同研究范式的我侧研究样本，以及有代表性的引文。总的来说，表中的研究表明，我侧偏差已经在各种各样的研究范式中有所体现。在最开始的这一章中，我将首先阐述一些最容易理解的我侧偏差研究范式——那些更像是示范的研究范式，然后我将介绍在技术上更为复杂的研究。

表 1.1 不同我侧偏差范式和每种我侧偏差的代表性研究

我侧偏差范式		代表性研究
当模棱两可的行为支持自己的团队时，对其进行更有利的评估	Evaluating acts more favorably when they support one's own group	Claassen & Ensley, 2016; Kahan, Hoffman et al., 2012; Kopko et al., 2011
评估假设实验的质量	Evaluating quality of hypothetical experiments	Lord, Ross & Lepper, 1979; Munro & Ditto, 1997; Drummond & Fischhoff, 2019
评估非正式论证的质量	Evaluating quality of informal arguments	Baron, 1995; Edwards & Smith, 1996; Stanovich & West, 1997, 2008a; Taber & Lodge, 2006

我侧偏差范式		代表性研究
当逻辑结论支持强有力的信念时，更好地应用逻辑规则	Applying logical rules better when the logical conclusion supports one's strongly-held beliefs	Feather, 1964; Gampa et al., 2019
搜索或选择可能支持自己立场的信息源	Searching or selecting information sources that are likely to support one's position	Hart et al., 2009; Taber & Lodge, 2006
产生争论	Generating arguments	Macpherson & Stanovich, 2007; Perkins, 1985; Toplak & Stanovich, 2003
协变检测	Covariation detection	Kahan et al., 2017; Stanovich & West, 1998b; Washburn & Stitka, 2017
矛盾检测	Contradiction detection	Westen et al., 2006
淡化自我道德承诺的代价	De-emphasizing the costs of one's own moral commitments	Liu & Ditto, 2012
按照自我偏好扭曲对风险和回报的感知	Distorting the perception of risk and reward in the direction of one's own preferences	Finucane et. al., 2000; Stanovich & West, 2008b
选择性使用道德原则	Selective use of moral principles	Uhlmann et al., 2009; Voelkel & Brandt, 2019
文本评价	Essay evaluation	Miller et al., 1993

续 表

我侧偏差范式		代表性研究
书面论证	Written argumentation	Wolfe & Britt, 2008
政治支持率	Political approval ratings	Lebo & Cassino, 2007
选择性了解有利于自己党派的事实	Selectively learning facts favorable to one's political party	Jerit & Barabas, 2012
条件概率评估	Conditional probability evaluation	Van Boven et al., 2019
公平性判断	Fairness judgments	Babcock et al., 1995; Messick & Sentis, 1979
当证据会导致不必要的社会变化时，抵制证据	Resisting evidence when it will lead to unwanted societal changes	Campbell & Kay, 2014
以有利于自己群体的方式解释事实	Interpreting facts in a way favorable to one's group	Stanovich & West, 2007, 2008a
选择性质疑证据的科学地位	Selectively questioning scientific status of evidence	Munro, 2010
四卡片选择任务	Four-card selection task	Dawson, Gilovich & Regan, 2002
不一致的政治判断	Inconsistent political judgments	Crawford, Kay & Duke, 2015
对媒体报道的偏差	Biased perceptions of media reports	Vallone, Ross & Lepper, 1985

关于对我侧偏差的阐释，最常被引用的例证之一也是年代最久远的例证之一。在一项经典的研究中，艾伯特·哈斯托夫和哈德利·坎特里尔（Albert Hastorf & Hadley Cantril, 1954）使用了普林斯顿队（Princeton）和达特茅斯队（Dartmouth）在1951年进行的一场臭名昭著的橄榄球比赛录像作为刺激材料。这是当年的最后一场比赛。当时普林斯顿队保持不败战绩，队内拥有一位美国全明星球员，他曾登上《时代》杂志的封面。这是一场残酷的比赛，产生了大量的罚球和几次球员骨折。这位来自普林斯顿队的明星球员在半场结束前因鼻骨骨折伤退。这场比赛成了争议的话题，普林斯顿大学和达特茅斯学院的学生报纸都痛批另一队糟糕的体育精神。

哈斯托夫和坎特里尔（1954）向一组达特茅斯队的学生和一组普林斯顿队的学生展示了同样的比赛录像，并要求他们每人在一张纸上标记他们发现违反规则的次数。达特茅斯队的学生报告说，两个队做出了相同数量的犯规行为（事实上，在比赛中，达特茅斯犯规更多），而普林斯顿大学的学生估计达特茅斯队做出了70%的犯规行为。当然，在一项如此久远的研究中，我们现在在心理学研究中习以为常的那种精确控制的实验条件并不存在。但是，这项研究可谓经典，它展示了人们在看到相同的刺激时，会如何根据他们与形势的关系（即他们的立场）以不同的方式解释它。哈斯托夫和坎特里尔（1954）在自己的研究中使用了一个讽刺的标题:"他们看了(同)一场比赛"("They Saw a Game"),以提醒人们注意这样一个事实,即实际上,被试根据他们与两支相互对立球队的关系"看到"了**不同**的比赛。

如上所述,哈斯托夫和坎特里尔(1954)的研究在方法上并不如现代科学研究这般严谨,不过半个世纪后,丹·卡亨,戴维·霍夫曼等人(Dan Kahan, David Hoffman et al., 2012)在完备的现代科学控制方法下复现了早期的发现。卡亨、霍夫曼等人(2012)向被试展示了2009年在马萨诸塞州剑桥发生的抗议录像。从录像中,不可能了解抗议者的身份和目的——抗议行动发生在一栋不明建筑外。真正能看出的只是,抗议者和警察在楼前发生了冲突。被试被告知,抗议者被警方下令解散,抗议者为此控诉警方。与早先哈斯托夫和坎特里尔(1954)的研究不同,卡亨的研究包含了一种条件控制:一半的被试被告知示威者抗议的是生殖保健中心可提供堕胎服务,另一半被告知抗议者正在反对军方对公开同性恋士兵服役的禁令。

卡亨、霍夫曼及其同事(2012)还使用了对各种多维度政治态度的评估,从而得以评估具有保守社会态度和自由社会态度[1]的被试是否根据抗议的目标对相同的抗议进行了不同的评价。事实上,对抗议的定性极大影响了两组被试如何解释警察和抗议者之间的冲突。在堕胎诊所条件下,70%的保守派被试认为警方侵犯了示威者的权利,但只有28%的自由派被试认为示威者的权利受到侵犯。在描述抗议目的是反对同性恋服役限制的条件下，人们的反应模式完全相反。在这种条件下，只有16%的保守派被试认为抗议者的权利受到侵犯，但76%的自由派被试认为抗议者的权利受到侵犯。这一研究结果展示了为什么卡亨、霍夫曼等人（2012）的论文标题呼应了哈斯托夫和坎特里尔研究的标题。"他们看了（同）一场抗议"（"They Saw a Protest"）颇为讽刺地指出了这样一个事实，即根据观察者的立场，同样的抗议得到了不同的"看待"。

证实偏差、信念偏差和我侧偏差

在我继续讨论更多的我侧偏差范式和研究之前，厘清这个领域中使用的术语是很重要的，因为它相当混乱。"证实偏差"（confirmation bias）、"信念偏差"（belief bias）和"我侧偏差"这三个术语在科学文献中的使用方式非常不一致。"证实偏差"一词是一般媒体中最常用的术语。谷歌搜索趋势（Google Trends）证实，"证实偏差"是一个比"信念偏差"或"我侧偏差"更常见的术语。但是，我不会在本书中着重于这个术语，因为它可能是所有术语中最混乱的。早在1983年，两位杰出的心理学家巴鲁克·费斯科霍夫和露丝·贝伊特-马洛姆（Baruch Fischhoff & Ruth Beyth-Marom, 1983）在研究假设检验时就建议取消"证实偏差"一词,因为即便是在当时,它也已经成为一个囊括太多不同效应的笼统词语了。不幸的是,他们的建议没有被采纳,因此十年后,另一位理论家约书亚·克莱曼(Joshua Klayman, 1995)表达了他对这个术语的愤怒——他说,似乎有多少对"证实偏差"的研究,就有多少种定义!

基本的问题是,太多不同的信息加工倾向被纳入了"证实偏差"这一术语中,其中有许多不是真正反映我侧偏差背后的动机认知(motivated cognition)类型的指标(Evans, 1989; Fischhoff & Beyth-Marom, 1983; Hahn & Harris, 2014; Klayman & Ha, 1987; Nickerson, 1998)。克莱曼(Klayman, 1995)在他的一篇非常细致入微的论文中,讨论了术语"证实偏差"的两种不同定义。他将他对"证实偏差"的第一个定义称为正向检验策略(positive test strategy),而我会将这个定义保留给"证实偏差"这一术语。正向检验策略是指,在推理者头脑中存在一个焦点假设的前提下,寻找符合预期的证据。只要推理者适当地处理否定性的证据,正向检验策略就没有什么不规范的地方(见Baron, 1985; Klayman & Ha, 1987; McKenzie, 2004; Mercier, 2017; Oaksford & Chater, 1994, 2003)。克莱曼讨论的另一个定义聚焦于"在心理上不愿意放弃目前自己赞成的假设",并将这种证实偏差视为一种动机认知的形式(Bolsen & Palm, 2020; Kunda, 1990)。在这本书中,因为我想强调克莱曼(1995)所说的动机加工类别，所以我为第二种定义下的证实偏差保留了一个单独的术语——"我侧偏差"。

重申一下，我将使用"证实偏差"一词来指代将证据的评估和测试集中在焦点假设（focal hypothesis）上的这种非常普遍的认知过程。[2]只要推理者愿意在遇到否定性的证据时正确处理其含义，证实偏差的表现就不一定是非理性或非规范性（non-normative）[3]的——这一点早已为人所知了（Baron, 1985; Klayman, 1995; Klayman & Ha, 1987）。也就是说，只要推理者在遇到否定性的证据时表现出适当的贝叶斯更新[4]，试图对自己心中的焦点假设进行检验就并非不恰当（McKenzie, 2004）。

因此，以这种方式定义的证实偏差不一定是推理错误。在这种情况下，偏差并不意味着错误，这凸显了在关于推理的研究文献中术语"偏差"的两种不同含义。"偏差"的第一个含义体现为在中性评价的意义上使用这个术语，仅仅意味着一种信息加工倾向，例如"当我试图省钱的时候，我有在好市多（Costco）购物的偏差"。[5]克莱曼（1995）将术语"偏差"的这种含义与另一个截然不同的含义做了区分，在另一种意义上，偏差用于指代一种有根本缺陷的推理过程，这个过程经常会导致思维错误。正如我在这里所指出的，我侧偏差是不是第二种意义上的偏差（从根本上有缺陷的思维中产生的推理错误）将是第二章的主题。

　　与我之前狭义定义的证实偏差不同，**信念偏差**这一主要用于三段论推理文本的术语，**确实**是往往意味着推理错误。当人们难以评估与他们对世界的了解相冲突的结论时，就会出现信念偏差（Evans, 2017）。评估这种偏差最常用的是三段论推理任务——其中结论的可信度与逻辑有效性相冲突。考虑以下三段论推理文本，问问自己它是否有效，即结论是否可以符合逻辑地从两个前提中得出：

前提1：所有生物都需要水

前提2：玫瑰需要水

因此，玫瑰是生物。

　　在继续阅读之前，判断结论在逻辑上是有效的还是无效的。

　　被问到这个问题的大学生中70%的人会判断这个结论是有效的。如果你也一样，那你就错了。前提1说所有生物都需要水，而不是说所有需要水的东西都是生物。因此，仅仅因为玫瑰需要水，并不意味着玫瑰是有生命的东西。如果这样说还是不够清楚，那么当你考虑以下这个结构完全相同的三段论推理文本后，你大概就会明白了：

前提1：所有昆虫都需要氧气

前提2：老鼠需要氧气

因此，老鼠是昆虫。

现在似乎很清楚，结论并不是从前提出发的。同样的事情让玫瑰问题变得如此困难，而让老鼠问题变得容易。

在这两个问题中，关于世界性质的先验知识（玫瑰是生物，老鼠不是昆虫）都被关联进一种本应独立于内容的判断中：对逻辑有效性的判断。在玫瑰问题中，先验知识是干扰。即使你回答正确，你无疑也感受到了冲突。在老鼠问题中，先验知识起着促进作用。信念偏差在三段论推理文献和条件推理文献中得到了最广泛的研究（Evans, 2017），但在其他范式中也有观察到信念偏差的发生（Levin, Wasserman & Kao, 1993; Stanovich & West, 1997, 1998b; Thompson & Evans, 2012）。

信念偏差和我侧偏差不是一回事。当真实世界的知识干扰我们的推理表现时，就会出现信念偏差。我侧偏差是指，我们会有支持那些我们**希望**它正确的假设的倾向（Mercier, 2017; Stanovich, West & Toplak, 2013）。是什么把信念偏差变成了我侧偏差呢？我侧偏差是指有利于当前被**高度重视**的现有观点的信息加工。借用多年前罗伯特·埃布尔森（Robert Abelson, 1988）所论及的区别，我侧偏差关切的是个人持有的坚信（conviction）。与普通信念不同，**坚信伴随着情感承诺和自我关注**。坚信也往往经历了更多的认知精细加工（见Abelson，1988；更近期的讨论见Fazio, 2007; Howe & Krosnick, 2017）。琳达·斯蒂卡、克里斯托弗·鲍曼、爱德华·萨吉斯（Linda Skitka, Christopher Bauman & Edward Sargis, 2005）发现，源自道德授权（moral mandate）的态度往往会成为坚信，这些坚信尤其能预测结果变量（社会距离、善意等）。

为了说明普通信念和坚信之间的区别，请想象你在另一个名为"Zircan"的星球上，那里在其他方面都和地球一样，如果你从某人那里听说Zircan星球上的玫瑰从来都不是红色的，而总是棕色的，你会毫不费力地接受这种信念。你不会极力和任何人争论玫瑰可以是红色的。在Zircan星球上，它们根本不是红色的，于是你毫不费力地放弃了玫瑰可以是红色的信念。另一方面，如果你听说在Zircan星球上，人们相信左利手的人在道德上不如右利手，那么你不会接受这种信念，事实上你会试图反驳它。你会捍卫你坚信的观点，即人类的道德价值不取决于他们是左利手还是右利手。这种信念对你来说是一种坚信，和玫瑰可以是红色的信念不一样。

坚信往往源于某些世界观，这些世界观会促生所谓"受保护的价值观"（protected values）——那些拒绝与其他价值观进行权衡的价值观（Baron & Spranca, 1997）。受保护的价值观

［有时被称为"神圣的价值观"（sacred values），见Ditto, Liu & Wojcik, 2012; Tetlock, 2003］被视为道德义务，其产生自关于哪些行为在道德上是被要求、被禁止或被允许的规则，违反这些规则的想法往往会激起愤怒。已经有实验表明，当受保护的价值观受到威胁时，被试不愿意进行交易或金钱上的权衡（Baron & Leshner, 2000; Bartels & Medin, 2007）。对受保护的价值观的信念是不会轻易被证据改变的。

在一些更加深入地阐述"一些信念可变为坚信"这一观点的著作之中，罗伯特·埃布尔森（Abelson, 1986；同样可参见Abelson & Prentice, 1989）区分了他称为"可验信念"（testable beliefs）和"远端信念"（distal beliefs）的两个概念。**可验信念**与现实世界紧密相连，并且也和我们用来描述世界的词语紧密相连（例如，玫瑰是红色的）。它们可以通过观察来核实——有时是简单的个人观察，有时这种观察需要依赖他人的专业知识和更复杂的科学方法。相比之下，**远端信念**无法直接通过经验核实，也无法通过求助专家或科学共识来轻易证实。例如，你可能认为制药公司利润过高，或者你所在的州应该在精神健康上有更多财政支出，而在环保倡议上减少开支。当然，经济统计数据和公共政策事实可能会**制约**像这样的远端信念（加强或削弱我们对它们的执着），但它们不能通过验证可验信念的方式去**核实**我们的远端信念。许多远端信念是我们的价值观的具体表现。在这种情况下它们容易成为坚信，因为它们会导致情感承诺和自我关注，正如埃布尔森（1988）所论述的那样。远端信念通常源自我们的总体世界观，或者在政治上，源自我们的意识形态。

我侧偏差集中在远端信念而不是可验信念上。相反，信念偏差则涉及可验信念。这就是为什么和我侧偏差相比，信念偏差更容易通过教育得到纠正，并且与认知能力更相关（正如我将在后续章节中讨论的）。"医疗保健支出是美国联邦预算第二大项目"这一命题是一个可验信念。"美国人在医疗保健上花费太多"这一命题则是一个远端信念。当然，经济事实可能会改变我们对后一个命题的态度，但是它们不能像验证可验信念一样**核实**这个远端信念。本书中讨论的我侧偏差研究几乎完全是关于远端信念的——它们源于信念并被坚定地持有着。[6]

我们现在可以总结本书中出现的术语的区别。我称"证实偏差"为倾向于对我们头脑中聚焦的假设进行正向检验的偏差。当人们难以评估与他们对世界的了解相冲突的结论时，就会出现"信念偏差"。对于信念偏差的情况，干扰推理的结论是可验信念。当人们以有利于他们先前观点和态度的方式评估证据、生成证据和检验假设时，我们把这种情形称为"我侧偏差"——此处所讨论的态度是坚信（也就是说，我们表现出情感承诺和自我关注的远端信念和世界观）。最后，在这本书中，我将把关于我侧偏差的文献与关于愿望思维（wishful thinking）的文献进行划分（Bar-Hillel, Budescu & Amar, 2008; Ditto & Lopez, 1992; Lench & Ditto, 2008; Weinstein, 1980），只讨论前者。[7]

不同研究范式和思维类型中对我侧偏差的证实

经典的哈斯托夫和坎特里尔（1954）研究及卡亨、霍夫曼等人（2012）的后续研究形成了一种关于我侧偏差的研究风格，此类研究的逻辑在于表明：当人们支持自己所在的群体时，他们会对模棱两可的行为给予更积极的评价。然而，如表1.1所示，我侧偏差已经被研究者们通过各种各样的方式得以展示，它们使用了研究信息加工的不同阶段的不同范式。

其中一个更容易解释的证实来自我自己实验室的研究。几年前，我和我的同事理查德·韦斯特（Richard West）向一组被试（美国的大学生）提出了以下思维问题（详情见Stanovich & West, 2008b）：根据美国交通部的一项综合研究，一种特定的德国汽车在撞车事故中导致另一辆汽车乘客死亡的可能性是一辆普通家用汽车的8倍。美国交通部正在考虑建议对这款德国车实施禁售令。然后被试需回答一些关于他们是否认为应该对这款德国车采取行动的问题。我们发现有相当多的人支持禁止这款汽车——样本中78.4%的人认为这款德国汽车应该被禁止。

这项研究背后的小把戏是，虽然案例中关于汽车危险性的统计数据是当时真实的统计数据，但**不是**德国汽车的统计数据。它们实际上是美国制造的车辆福特探险者（Ford Explorer）的统计数据。在刚刚呈现的场景中，被试评估的是允许一辆危险的德国汽车在美国街道上行驶的社会政策。这使我们能够招募第二组被试（也是美国大学生），让他们对相反的情况进行评估——允许危险的美国车辆在德国街道上行驶的政策。这组被试被告知，在美国交通部的一项综合研究中，福特探险者在撞车事故中导致另一辆汽车乘客死亡的可能性是普通家用汽车的8倍，德国交通部正在考虑建议禁止在德国销售福特探险者。

这组被试回答了与另一组相同的一系列问题，但这次是站在**德国**交通部的立场上。我们发现，在这种情况下，只有51.4%的人认为福特探险者应该在德国被禁止。我们的研究清楚而简单地说明了，如果同样的伤害发生在自己一方，人们是如何更严苛地判断的。在这个案例中，他们认为如果危险车辆是在美国的德国车，那么相比于在德国的美国车，它更应该被禁止。

我侧偏差已经在其他研究中得到了更系统的探查。例如，对非正式论证（informal arguments）的逻辑有效性的评估已被证明会受我侧偏差的影响。在年代最久远的研究之一当中，诺曼·费瑟（Norman Feather, 1964）让被试评估以非正式论证呈现的三段论。一个典型的例子是，告诉被试接受这样一个事实，即对人类的慈善和宽容的态度有助于让人们在爱与和谐中走到一起；基督教总是有助于让人们在爱与和谐中走到一起。然后，他们被告知要评估"因此，基督教的一个效果是对人类的慈善和宽容的态度"这一结论的可靠性。这个结论实际上不是一个有效的推论，但是费瑟（1964）发现，对于宗教信仰非常虔诚的被试来说，此推论的无效性更难被发现。

阿努普·甘帕及其同事（Anup Gampa et al., 2019）发现，当评估非正式逻辑论证时，政治意识形态的表现与费瑟1964年的实验中的宗教信仰非常相似。当结论是"因此，大麻应该是合法的"的三段论有效时，自由派被试更容易做出肯定的判断，而保守派被试更难；当结论是"因此，没有人有权结束胎儿生命"的三段论有效时，自由派被试更难做出肯定的判断，而保守派被试更容易。另一种涉及逻辑推理的范式——四卡片选择任务（Wason, 1966）[8]，其中被试的表现也受到我侧偏差的影响。埃丽卡·道森、托马斯·基洛维奇和丹尼斯·里甘（Erica Dawson, Thomas Gilovich & Dennis Regan, 2002）发现，如果规则陈述了对被试（比如检验"所有女性都是差劲的司机"规则的女性被试）的负面刻板印象，那么找到篡改了规则的卡片会容易得多，相比之下，如果规则陈述了对被试（比如检验"所有亚裔美国人都很聪明"规则的亚裔被试）的正面刻板印象，那么找出篡改了规则的卡片就没有那么容易。

值得注意的是,费瑟(1964)、甘帕及其同事(2019)和道森及其同事(2002)的研究都表明了是什么将信念偏差实验转变为我侧偏差实验。在使用三段论推理范式的信念偏差实验中,结论的可信度会被操纵——例如比较可信的"玫瑰是红色的"结论和不可信的"老鼠是昆虫"结论。这些实验中的结论会是可验信念——这里再次使用了埃布尔森(1986)的术语,然而,在刚刚讨论的实验中,关键命题都是远端信念——大麻是否应该合法化,或者基督徒是否为人慈善。在第三章我们综述了个体差异与这些偏差的相关性,我们会看到,在这些范式中使用远端信念还是可验信念,会导致我们在预测谁会或谁不会正确推理的能力上出现巨大差异。

正如这些研究所表明的,意识形态和政治所代表的不容易通过经验核实的远端信念,是我侧偏差的丰富来源(Ditto et al., 2019a)。例如,雅雷·克劳福德、索菲·凯和克丽丝滕·杜克(Jarret Crawford, Sophie Kay & Kristen Duke, 2015)发现,当自由派被试被告知一位军事将领曾批评过美国的总统时,他们更倾向于在总统是乔治·布什(George W. Bush)的时候为这位将领的行为开脱,而不是在总统是巴拉克·奥巴马(Barack Obama)的时候。但是,在另一方面,保守派被试更倾向于在总统是奥巴马时,而不是在总统是布什时为将领的行为开脱。

我侧偏差影响了许多不同种类的政治判断,也在谈判和工作环境中助长了自私自利的决定。例如，凯尔·科普柯及其同事（Kyle Kopko et al., 2011）发现，对选举中受质疑选票的适当性的裁决受到党派偏差的影响。梅西克和森蒂斯（Messick & Sentis, 1979）研究了当人们和别人一起完成一项共同的任务，但他们在这项任务上花的时间比和他们一起工作的另一个人多时，他们对适当报酬的看法。在这种情况下，被试认为他们应该得到比另一个人更多的报酬。然而，当人们觉得他们是在共同任务上工作**较少**的人时，他们倾向于认为两个工作者应该得到同等的报酬。

这种我侧化的想法肯定会在现实生活中发挥作用。马克斯·巴泽曼和唐穆尔（Max Bazerman & Don Moore, 2008）在一项调查中报告，对于其中一组被试而言，44%的人认为，如果他们起诉某人并输掉诉讼，他们应该支付他们所起诉的人的法律费用。但是，调查中的第二组被试被问到了一个不同的问题："如果有人起诉你，你赢了官司，另一方是否应该支付你的诉讼费。"在考虑这个问题时，85%的被试认为对方应该支付他们的诉讼费。被试对公平的判断在很大程度上取决于他们站在结果的哪一边。

琳达·巴布科克及其同事（Linda Babcock et al., 1995）让被试模拟成为汽车事故案件中的原告或被告，在该案件中，问题是裁定损害赔偿。在被分配角色后，原告和被告都阅读了

27页关于得克萨斯州一个实际案件的证词（原告起诉被告，要求赔偿10万美元）。然后，他们试图在不经过法官审理的情况下解决金额问题，未能解决会导致双方都受到罚款。在这一条件下，72%的被试二元组达成了和解。然而，第二组的被试在被分配原告或被告的角色**之前**阅读了27页的证词，在这种情况下，94%的被试二元组达成了和解——这是高出很多的比率。在前一种情况下，和解率明显较低，是由于被试对自己在问题上的立场过于自信，他们带着我侧化的倾向去阅读了案件信息。

在使用论证评估（argument evaluation）范式的研究中（Stanovich & West, 2008a），我们让被试对关于堕胎的论证的质量进行评级（以及另一个问题——降低饮酒年龄——它也产生了类似的结果）。专家们预先判断，支持选择（pro-choice）和支持生命（pro-life）的论证在质量和强度上大致相当。与以前的一些研究（Baron, 1995）一致，我们观察到了很强的我侧偏差。也就是说，被试对与自己立场一致的论证的评价优于与自己立场不一致的论证。

查尔斯·泰伯和米尔顿·洛奇（Charles Taber & Milton Lodge, 2006）让被试评价关于平权行动和枪支管制问题的支持和反对论证。他们发现，被试在这两个问题上更喜欢与他们先前的观点相匹配的论证，而不是与他们先前的观点相矛盾的论证，即使这些论证在质量上非常相似。泰伯和洛奇还测量了被试阅读和思考这些论证的时间，发现被试在加工与他们先前的观点相矛盾的论证时花了更多的时间，因为他们有选择性地只对这些论证进行反驳（见 Edwards & Smith, 1996）。

我侧加工削弱了我们评估科学研究产生的证据的能力。查尔斯·洛德、李·罗斯和马克·莱珀（Charles Lord, Lee Ross & Mark Lepper, 1979）向被试展示了关于死刑的影响的两项研究的设计和结果。一项研究报告的数据支持死刑的威慑作用，而第二项研究报告的数据否定了死刑的威慑作用。有两组被试：一个小组由支持死刑的人组成，另一个小组由反对死刑的人组成（两组都是根据对同一问卷的答复预先选择的）。结果发现，被试对证实自己先前观点的研究的评价比对否定性的研究的评价更高，尽管这两项研究在方法学的严谨性上被设计得很类似。

然而，洛德、罗斯和莱珀（1979）的研究被引用最多的结果是被试在实验结束后的看法问题。乍一看[9]，从贝叶斯的视角，在阅读了这两项研究后，两组人的观点似乎会趋同，因为这两项研究综合来看，产生了矛盾的证据。而恰恰相反，两组人都以我侧化的方式处理研究——接受对他们自己观点有利的证据，夸大对自己观点不利的研究的缺陷。因此，在阅读了这两项相互对立的研究后，两组之间的两极分化加剧了。

　　泰伯和洛奇（2006）观察到类似的两极分化，但只在那些政治知识水平较高的人当中出现。事实上，洛德、罗斯和莱珀（1979）发现的态度两极分化并不总是能在实验中被观察到，当被观察到时，也并不是每个问题的表现都有这种特点（Gerber & Green, 1998; Hahn & Harris, 2014; Kuhn & Lao, 1996; MacCoun, 1998; Munro & Ditto, 1997）。然而，无论实验中是否发生两极分化，研究者都一致发现了一个结果，那就是人们几乎总是带着我侧偏差去评估证据。被试对不利的研究和观点的批评更加严厉，这一点在文献中已经多次重复出现了。例如，在几项研究中，保罗·克拉琴斯基及其同事（Paul Klaczynski, 1997; Klaczynski & Lavallee, 2005）向被试展示了有缺陷的实验和论证，它们得出与被试先前立场和观点一致或不一致的结论。然后被试被要求批评实验中的缺陷。克拉琴斯基及其同事观察到了强烈的我侧偏差效应：当实验的结论与被试先前的观点不一致时，被试发现的缺陷比当实验的结论与他们先前的观点和信念一致时多得多。

　　人们不仅以我侧偏差的方式**评估**论证，他们也以有偏差的方式**生成**论证（Perkins, 1985）。在几项研究中，我的研究小组（Toplak & Stanovich, 2003; Macpherson & Stanovich, 2007）让被试考察支持和反对各种公共政策主张的论点（例如，"人们应该被允许出售他们的器官""学费应该提高，以覆盖全部大学教育的费用"）。当被试对某个问题有鲜明的看法时，比起与自己对立的立场，他们在这个问题上给出的支持自己立场的论证更多。即使他们得到了明确的指示，即要在考察中不偏不倚，这也确实是事实（Macpherson & Stanovich, 2007）。

我侧偏差也会以更微妙的方式出现——无论是在现实生活中还是在实验室里。在现实世界中，风险和回报是正相关的。高风险活动往往比低风险活动有更大的收益。[10] 与现实中的关系相反，研究发现人们对各种活动的风险和回报的评级呈**负**相关（Finucane et al., 2000; Slovic & Peters, 2006），无论是在被试内、在不同活动间或是活动内、在不同组被试间都是这样。当某事被评价为具有高收益时，它往往被视为具有低风险；当某事被评价为具有高风险时，它被视为具有低收益。保罗·斯洛维奇和埃伦·彼得斯（Paul Slovic & Ellen Peters, 2006）认为，风险感知之所以显示出这种我侧偏差，是因为它是由情感驱动的——如果我们喜欢某样东西的好处，我们就会倾向于认为它是低风险的。我们的研究小组在一个被试内设计中证实了这一发现（Stanovich & West, 2008b）。那些认为饮酒有益的被试对饮酒风险的评价低于那些不认为饮酒有益的人的评价。认为使用杀虫剂有重大好处的被试认为的使用杀虫剂的风险低于那些不认为杀虫剂有好处的被试认为的风险。

布里塔妮·刘和彼得·迪托（Brittany Liu & Peter Ditto,

2013）观察到，在判断各种行为的道德时，也会发生类似的自私自利的权衡，并且他们在政治意识形态的两端都发现了这一点。被试被问及四种不同行为的道德可接受性：对恐怖主义嫌疑人的刑讯逼供、死刑、在性教育中推广避孕套和胚胎干细胞研究（对于其中前两个议题，政治保守派被试常常比自由派被试更能在道德层面接受，而后两个议题则在道德上更容易被政治自由派被试所接受）。他们被问及这种行为本身是否道德，**即使**它能有效地实现其预期目的。被试还被问及自己感知到的该行为带来有益结果的可能性（例如，刑讯逼供是否会产生有效的情报，鼓励使用避孕套是否会减少青少年怀孕和性传播疾病）。

对于四个议题中的每一个，即便该行为会带来有益的结果，但如果被试越坚决地认为这种行为是不道德的，他们就越不相信它实际会产生这些有益结果。例如，被试越坚决地支持"推广避孕套在道德上是错误的"这种信念，他们就越不可能相信避孕套能有效防止怀孕和性传播疾病，即使它能够防止这些问题的发生。同样，被试越坚决地支持"对恐怖主义嫌疑人的刑讯逼供在道德上是错误的"这种信念，他们就越不可能相信它确实会产生有效的情报——即使它产生了有效的情报。简而言之，被试往往不重视他们道德承诺的成本，正如菲纽肯及其同事（Finucane et al., 2000）的研究中，被试倾向于将他们所赞成的活动的风险看得很低。

迈克尔·休默（Michael Huemer, 2015）讨论了我们如何用我侧化方式去让事实与我们的信念相合。他指出，有许多人认为死刑可以阻止犯罪，而其他人则认为死刑不能；有些人认为许多无辜的人被判有罪，另一些人认为没有多少无辜的人被判有罪。然而，他指出，在这些关于死刑的信念组成的2×2矩阵中，其中两个单元格内的人数过多，而另两个单元格内的人数不足。很多人认为死刑可以阻止犯罪，并且没有很多无辜者被判有罪；也有很多人认为死刑不能阻止犯罪，并且很多无辜者被判有罪。然而，几乎没有人持有另外两种信念组合，而它们貌似都很合理：死刑能阻止犯罪，但许多无辜的人被判有罪；或者死刑不能阻止犯罪，但很少无辜的人被定罪。这表明，人们得出的这些评估不是对支持各个命题的证据进行独立考量的结果。相反，对这两种不同命题的评估与关于死刑的信念是经由我侧偏差联系在一起的。

到目前为止，我所考虑的我侧实例主要涉及对书面描述的论证或对实验的解释。一些实验评估研究涉及数值结果，但最常见的范式是，让被试对一项实验的书面描述进行批判或对一条非形式的口头论证做出回应。然而，也有研究表明，我侧偏差甚至会影响对实验**数值**结果的解释。人们对与实验结果相关的共变性（covariation）数据的解释可能会被他们先前关于此种共变关系性质的假设所扭曲(Stanovich & West, 1998b)。在一个典型的、纯数值的共变性检测实验(不是评估我侧偏差的实验)中,给被试呈现来自一项实验的数据,该实验探究了治疗和患者反应之间的关系。例如,被试可能被告知:

200人接受了治疗并有所好转

75人接受治疗没有好转

50人没有接受治疗但有所好转

15人没有接受治疗也没有好转

在共变性检测实验中,被试被要求指出治疗是否有效。这里举的例子代表了一个很多人都会出错的难题。许多人认为这个例子中的治疗是有效的。首先,被试会重点关注治疗后病情好转的大量个案(200例)。其次,他们关注的事实是,接受治疗的人有200人表现出好转,而没有好转的人有75人。因为这一概率(200/275 = 0.727)似乎很高,所以诱使被试认为治疗是有效的。这是理性思维的错误。这种方法忽视了在**没有**施治的情况下病情好转的概率。由于这一概率其实还要更高(50/65 = 0.769),在该实验中检验的这种治疗可以被判断为完全无效。忽视未治疗条件下的结果而只关注治疗/改善组中人数众多的这种倾向,促使许多人认为治疗是有效的。

丹·卡亨及其同事（Dan Kahan et al., 2017）向那些被随机分配到四种条件之一的被试提出了如上述这样的难题。两种条件涉及护肤霜治疗皮疹的假想情境。在这两种"皮疹条件"（数字完全相同，但列名相互颠倒）下的被试拿到 2×2 矩阵中的数值数据，并必须辨别治疗是否有效。这些代表控制条件（不涉及我侧偏差的条件）。

在两个"我侧偏差条件"下，被试拿到 2×2 的矩阵数据（与"皮疹条件"的数字相同），这些数据涉及市政府决定是否通过一项法律，禁止公民在公共场合携带隐藏起来的手枪。被试被告知，为了处理这个问题，研究人员将城市分为两组：一组是最近颁布了隐藏武器禁令的城市，另一组是没有此类禁令的城市。矩阵的两列表示犯罪率上升的城市数量和犯罪率下降的城市数量。由此，创设了两种不同的条件，即 2×2 矩阵中的数字相同，但将列标签（犯罪率上升的城市数量与犯罪率下降的城市数量）进行了简单的颠倒，从而创设了两项研究，其中一项研究的数据表明枪支管制是有效的，另一项研究的数据表明枪支管制是无效的。

在卡亨及其同事（2017）的这项研究中，还评估了被试先前对枪支控制的态度。因为被试被随机分配到这些条件下，所以一些被试看到了支持他们先前观点的数值数据，而其他被试看到的数据与他们先前关于枪支管制的观点相矛盾。还有一些（被分配到两种"皮疹条件"的）被试看到了他们可能没有预设看法的有关数据。结果清楚地表明，当枪支管制数据支持他们先前的观点时，被试的共变性评估比枪支管制数据与他们先前的观点相矛盾时更准确。此外，与先前观点相一致的"枪支管制条件"下的被试比相应"皮疹条件"下的被试更好地进行了共变性评估。然而，与先前观点相矛盾的"枪支管制条件"下的被试比处于相应的"皮疹条件"的被试所做的共变性评估更差。

卡亨及其同事（2017）还观察到，站在问题的正反两个立场的被试都存在我侧偏差。也就是说，支持枪支管制的被试和反对枪支管制的被试都表现出了偏差。安东尼·沃什伯恩和琳达·斯基特卡（Anthony Washburn & Linda Skitka, 2017），以及S. 格伦·贝克及其同事（S. Glenn Baker et al., 2020）将这种在纯数值数据评估（而不是像以前的许多我侧研究那样，对一项实验设计进行复杂的描述）中对我侧偏差的证实扩展到了其他各种各样会触发强烈坚信的问题——例如移民、医疗保健、同性婚姻、福利、核能和碳排放。马修·纳斯和威尔·格兰特（Matthew Nurse & Will Grant, 2020）就利用气候变化风险感知问题重复了这一发现。

从实验室到现实生活中的我侧偏差

2019年上半年，范博文及其同事（Van Boven et al., 2019）发表了一项研究的网络版本，在这项研究中，作者们描述了一个特别有趣的我侧偏差的研究设计。在他们的研究中，被试必须加工量化的概率信息。被试对两个议题进行推理，其中一个涉及特朗普政府对七个国家的旅行和移民限制，其中五个国家是穆斯林占多数的伊斯兰国家（叙利亚、伊朗、利比亚、索马里和也门），这一政策旨在防止潜在的恐怖分子进入美国。另一个涉及攻击性武器禁令，旨在减少大规模枪击事件。研究者向被试提供了背景信息，包括其他各法院和组织声称禁令具有歧视性从而质疑其合法性这一事实。然后向被试提供以下统计数字（M = 穆斯林；T = 恐怖分子），并告知被试这些数据是基于当前和历史数据得到的：

p（M）：移民来自伊斯兰国家的概率是17%。

p（T）：移民是恐怖分子的概率是0.00001%。

p（T|M）：来自伊斯兰国家的移民是恐怖分子的概率是0.00004%。

p（M|T）：移民来的恐怖分子是来自伊斯兰国家的概率是72%。

被试被问及,在决定支持还是反对这项政策时,这些概率数据中的哪一个对他们来说更重要(被试此前曾在另一份问卷中表明过对这项政策的支持或反对)。

大多数被试选择两个条件概率中的一个作为最重要的信息。显然,72%的所谓"击中率"(hit rate)p(M|T)似乎比0.00004%的所谓"逆条件概率"p(T|M)更支持旅行限制政策。绝大多数在实验开始时支持旅行限制政策的被试认为p(M|T)是最重要的信息,而绝大多数反对旅行限制政策的被试认为p(T|M)是最重要的。这个议题的双方的巨大我侧偏差的强度大致相当,它没有被更强计算能力所削弱。事实上,计算能力更强的被试表现出更强的我侧偏差,这一结果我们将在第三章中更详细地讨论。

关于范博文及其同事(2019)的实验,最有趣的事情之一是,他们对同样一组被试,也就是对旅行限制问题给出回应的这些被试,在另一个如今的重要议题上进行了测试。这个问题就是为了减少大规模枪击事件的"攻击性武器禁令"。他们给被试提供了"攻击性武器"一词的定义:半自动步枪和其他配备附件(如瞄准镜、手枪握把或榴弹发射器)或大容量弹匣的半自动武器。他们被告知,一项禁止某些攻击性武器的完备法律已被引入国会。然后,被试拿到以下统计数字(以频率而不是概率呈现,以掩盖相似性),并被告知这些数据是基于目前以及历史数据得到的（S＝大规模枪击，A＝攻击性武器）：

　　p（S）：在过去的几年里，每1亿美国成年人中有6人实施了大规模枪击。

　　p（A）：在过去的几年里，每1亿美国成年人中有1200万人拥有攻击性武器。

　　p（A|S）：每6个实施了大规模枪击的美国成年人中，有4人拥有攻击性武器。

　　P（S|A）：在1200万拥有攻击性武器的美国成年人中，有4人实施了大规模枪击。

　　然后，被试被问及在决定支持还是反对"攻击性武器禁令"时，这些统计数据中的哪一个对他们来说更重要。

　　大多数被试选择了两个条件概率中的一个作为最重要的信息。显然，击中率，p（A|S），4/6（67%）似乎比所谓的逆条件概率，p（S|A）——4/1200万（0.00003%）更支持攻击性武器禁令。支持攻击性武器禁令的被试绝大多数选择p（A|S）作为最重要的信息，而反对攻击性武器禁令的被试绝大多数选择p（S|A）作为最相关的信息。和上一个议题一样，实验中观测到的双方的巨大我侧偏差的强度大致相当，在那些计算能力强的被试中并没有减弱（他们实际上表现出更大的偏差）。

毫无疑问，读者已经可以凭直觉知道范博文及其同事（2019）实验结果的惊人之处：反对旅行禁令的被试倾向于**支持**攻击性武器禁令（为了简单起见，让我们称他们为自由派），而支持旅行限制的被试往往**反对**攻击性武器禁令（为了简单起见，让我们称他们为保守派）。这意味着自由派和保守派都在根据所讨论的议题改变他们对证据类型的偏好。当议题是旅行禁令时，自由派不喜欢关注击中率，但当议题是攻击性武器禁令时，他们喜欢关注击中率。相反，当问题是旅行禁令时，保守派更喜欢关注击中率，但当问题是攻击性武器禁令时，他们不喜欢关注击中率。范博文及其同事（2019）的实验极好地证实了：人们在选择在他们看来与议题有关系的统计数据时，会选择那些与他们之前对这个议题的看法最一致的统计数据。

当我在仔细思考2019年上半年范博文及其同事（2019）实验的意义之时，我偶然发现了一篇《纽约时报》（*New York Times*）的文章（Ward & Singhvi, 2019），讨论了在美国南部边境存在移民危机这一断言。这篇文章整体的主旨是提供统计数据来反驳美墨边境局势令人不安的这种断言。文章中提出的三个关键统计数据是：第一，自2006年以来，因非法越过墨西哥边境而被捕的人数一直在减少；第二，在南部边境缴获的大多数毒品是在合法入境点缴获的，而不是在开放边界（open border）；第三，尽管很难获得统计数字，但美国无证移民的刑事定罪率似乎并不高于本土出生公民的刑事定罪率。[11]这些统计数字显然是为了驳斥那些担忧南部边境局势的人的观点。

范博文及其同事（2019）的研究使我受到启发，我开始想知道关注枪支暴力的人会对类似于《纽约时报》关于非法移民问题的统计数据有什么反应。考虑下面的思维实验。想象一下，有人提议立法禁止AR-15半自动武器，再想象一下你赞成这项立法，因为你是一名枪支管制倡导者，对枪支造成的大量谋杀案感到担忧。现在再想象一下，一个持枪权利倡导者向你展示了以下统计信息：首先，自1990年以来，美国枪支谋杀案的数量一直在稳步下降；第二，美国绝大多数枪支谋杀案都是由AR-15以外的枪支造成的；最后，AR-15的谋杀率低于其他种类枪支。在臆造了这个思维实验后，我给自己的问题是：如果一个人是枪支管制的倡导者，这样的统计数字对他们来说是不支持禁止AR-15武器的理由吗？我认为答案是，明显不是。

我认为枪支管控倡导者的思维过程大致如下。一个有着负效用（negative utility）的结果（即谋杀）正在发生，AR-15禁令的倡导者希望其停止。随着时间的推移，负效用正在降低，或者AR-15只与少数谋杀案有牵连，对于希望将谋杀率降低的枪支管控倡导者来说，这些似乎都无关紧要。但对于那些想要减少非法移民的公民来说，情况肯定也是如此。多年来，公民所见的负效用（非法移民）这些年来一直在降低，或者一些负面影响

（非法毒品进口）其实是来自受管制的边境而非没有受管制的边境，这些事实对这样一个公民来说肯定是无关紧要的。当公民自身的安全取决于绝对犯罪数量而不是相对犯罪率时，相对犯罪率也就无关紧要了（正如全球变暖取决于二氧化碳的绝对水平而不是人均水平那样）。《纽约时报》的记者似乎忘记了这样一个事实，即他们关于移民的统计数字——尽管在提倡开放边界的人看来，这些数字十分适宜——对希望遏止非法移民的美国公民来说似乎完全无关紧要，就像上面列出的相似的统计数据集对枪支控制倡导者来说无关紧要一样。范博文及其同事（2019）的实验的这些启示为我在后面的章节中讨论我侧偏差的一些政治和社会政策意义提供了一点经验。

为何我侧偏差无处不在

对目前所讨论过的这些研究进行的简短而有选择性的回顾旨在重申：我侧偏差已经在各种行为和认知科学学科的无数范式中得到了证明（在表1.1中有更为全面的呈现）。现有的文献也表明，它不局限于任何特定的人口统计学群体。它存在于不同年龄段的人群中。它并不局限于那些智力水平低的人——这一事实将在第三章中详细讨论。我侧偏差在持有各种信念系统、价值观和坚信的个人身上都会有所表现。它不局限于有某种特定世界观的人。任何被坚定不移地深信着的信念——用罗伯特·埃布尔森（1986）的术语来说就是，任何远端信念——都可以成为我侧加工背后的驱动力。总之，我侧认知是一种无处不在的信息加工倾向。

有些人可能会认为如此普遍和广泛的东西一定是基于我们的认知系统进化的（要么是作为一种适应，要么是一种副产品）。但是，另外有些人可能会主张，我侧偏差不能建立在进化的基础上，因为进化的机制是寻求真理，而我侧偏差不是。事实上，进化并不能确保在认知科学中使用的最大化意义上的完美理性——比如最大化真实信念（认知理性）或最大化主观预期效用（工具理性）。生物体通过进化来增加基因的生殖适应程度，但适应程度的增加并不总是意味着认知理性或工具理性的增长。信念并不需要为了提高适应度就总是去以最大化的准确性追踪世界。

当认知机制在资源方面（比如，记忆、能量或注意力）代价高昂时，进化可能无法选择出高精度的认知机制。进化基于的是与信号检测理论相同的成本-收益逻辑。我们进行信念固定（belief fixation）的一些知觉过程和机制非常不明智，因为它们会产生很多虚报（false alarm），但如果不够明智会带来其他优势，比如极快的处理速度和其他认知活动不受干扰，那么信念固定中的错误可能是值得的（Fodor, 1983; Friedrich, 1993;

Haselton & Buss, 2000; Haselton, Nettle & Murray, 2016）。同样地，我侧偏差可能倾向于增加某种类型的错误，但会减少另一种类型的错误，从进化的角度来看，这种偏差没有什么奇怪的（Haselton et al., 2016; Johnson & Fowler, 2011; Kurzban & Aktipis, 2007; McKay & Dennett, 2009; Stanovich, 2004）。这种权衡的本质是什么？

多年来，在认知科学领域，越来越多的人倾向于认为推理起源于早期人类的**社会**世界，而并非起源于人类对自然世界进行理解的需要（Dunbar, 1998, 2016）。事实上，许多理论家推测，进化压力更多地聚焦于商定彼此合作的主体间性（intersubjectivity），而非理解自然世界，斯蒂芬·莱文森（Stephen Levinson, 1995）只是这些理论家中的一个。我们的一些推理倾向植根于交流的进化过程，这种观点至少可以追溯到尼古拉斯·汉弗莱（Nicholas Humphrey, 1976）的作品，并且它有许多变式。例如，罗伯特·诺齐克（Robert Nozick, 1993）认为，在史前时期，当摸清世界真实情况的机制很少时，获得可靠知识的粗略途径可能只是要求同类个体为他们的断言给出理由（另见Dennett, 1996, 126–127）。金·斯特尔尼（Kim Sterelny, 2001）在试图论证社会智力是早期模仿能力的基础时逐渐形成了类似的想法（另见Gibbard, 1990; Mithen, 1996, 2000; Nichols & Stich, 2003）。所有这些观点，尽管它们之间存在细微的差异，但都勾勒了一部和同类个体就争论进行协商的基因-文化共同进化史（Richerson & Boyd, 2005）。

对这些观点的最具影响力的综合——也是与我侧偏差最相关的理论——是雨果·默西埃和达恩·施佩贝尔（Hugo Mercier & Dan Sperber, 2011, 2017）的经过系统论证的理论。他们关于推理的理论十分微妙，它建立在交流进化的逻辑之上。默西埃和施佩贝尔的理论认定，推理是为了实现通过论证说服他人的社会功能而进化的。如果说服是目标，那么推理的特点就会是我侧偏差。我们人类天生的设定就是试图用论证来说服他人，而不是用论证来找出真相。像莱文森（1995）和上面提到的其他理论家一样，默西埃和施佩贝尔认为人类的推理能力并非产生于对解决物理世界问题的需要，而是产生于对说服社会世界中的其他人的需要。正如丹尼特（Dennett, 2017, p.220）所说，"我们的技能被磨炼出来，是为了选择立场、在辩论中说服别人，并不一定是要把事情做对"。

经过几个步骤，默西埃和施佩贝尔（2011, 2017）的理论告诉我们如何从推理的进化推出人类普遍具有我侧偏差这一趋势。人们一定有一种方法来运用默西埃和施佩贝尔称作"认知警觉"（epistemic vigilance）的能力。我们大可以采取低效率的策略，通过简单记住我们与他人互动的经历，来区分值得信任的人和不值得信任的人。但这种策略对新个体不起作用。默西埃和施佩贝尔（2011，2017）指出，论证帮助我们仅仅根据内容而不是关于特定的人的先验知识来评估交流的真实性。同样，当我们希望向尚未与我们建立信任关系的人传递信息时，我们自己也学会了传达连贯和令人信服的论证。这些论证生成和论证评估的技能使社会成员之间无须建立预先的信任关系就可以交换信息。

然而，如果我们的推理能力的起源在于它们具有通过论证说服他人的主要功能，那么我们在**所有**领域的推理能力都将强烈地受到这种功能——说服性论证（persuasive argumentation）的影响。如果生成论证的功能是说服另一方，那么所生成的论证就不太可能是来自对议题的两方立场的不偏不倚的选择。这样的论证是不可信的。相反，我们可以预料到，我们会产生一种难以抗拒的倾向，即生成很多支持自己观点的论证，而很少生成会削弱它的论证（见Mercier，2016）。

默西埃和施佩贝尔（2011）提出，这种我侧偏差会被带入人们对自己的观点进行推理的情况中。他们认为，在这种情况下，我们很容易**预期**一个对话的语境（见Kuhn，2019）。对未来对话的预期也会导致我们以我侧的方式自己思考。默西埃和施佩贝尔（2011，2017）的理论对我们**评估**他人论证的能力做出了差异化的预测。基本上，他们认为，如果所讨论的议题涉及一个远端信念，我们就会在评估论点时表现出我侧偏差。然而，他们认为，当所讨论的议题是一个可验信念时，我们表现出的我侧偏差会少得多。[12]

简而言之，默西埃和施佩贝尔（2011, 2017）提供了一个模型，说明了我侧偏差如何成了推理的进化基础中固有的一部分。从他们关于我侧偏差起源的进化论故事中，不难想象论证能力的基因–文化共同进化史（见Richerson & Boyd, 2005）将如何加强我们认知的我侧属性（一个我只能在这里暗示的，带来许多猜测的主题）。例如，在一次对于我侧效应成本和收益的早期讨论中，约书亚·克莱曼（1995）提出了一些可能涉及的基因–文化共同进化方面的讨论。他讨论了在主流之外产生想法的认知成本（"仅仅保持开放的心态也可能会有心理成本"，第411页）以及社会对胡言乱语的人的潜在反对。他讨论了我侧信心这种通常更为直接的好处会战胜怀疑和不确定性带来的更长远利益。

克莱曼提出（1995, p.411）"当其他人缺乏关于判断准确性的良好信息时，他们可能会把一致性作为准确性的标志"，这在一定程度上是对默西埃和施佩贝尔（2011）理论的一种预见。克莱曼（1995）指出了我侧论证的许多特征（例如，一致性、信心），这些特征可以引导个人和群体获得社会效益。卡亨（Kahan, 2013, 2015；同样可参见Kahan, Jenkins-Smith & Braman 2011; Kahan et al., 2017）对他的"身份保护性认知"（identity protective cognition）概念的讨论同样为我侧偏差提供了另外的潜在机制，让我侧偏差能够增强赋予进化利益的群体凝聚力。当我们评估我侧思维在整体上的理性程度时，必须考虑到这些可能的社会利益——这一点我将在第二章详细探讨。

注 释

1. 卡亨、霍夫曼等人（2012）实际测量的政治态度比保守和自由的简单社会态度要更复杂和多维，但为了易于描述这里我简化了他们的研究。

2. 在关于证实偏差的早期研究中，研究人员最终检验的大部分是它的非动机成分——例如埃文斯（1989）的积极效应或克莱曼和哈（Klayman & Ha, 1987）的积极测试策略，而不是我侧偏差——以有利于**受青睐**的假设的方式处理信息。证实偏差一词仍然存在许多问题，尽管（或者可能是因为）该术语似乎正在公众中广泛传播。有时证实偏差被用作我所说的我侧偏差的同义词——以有利于受青睐的假设的方式处理信息。这里的主要问题是证实偏差不一定意味着我侧偏差（Eil & Rao, 2011; Mercier, 2017），检验**焦点**假设的推理者不一定以有利于其**青睐**的假设的方式处理信息。

3. 请注意，认知科学中的"规范"（normative）意味着根据完美理性模型的最优表现，**而不是**"常态"（norm）或最常见的反应的意思。

4. 贝叶斯定理所捕捉到的关键推理原则是，对证据诊断性的评估（似然比）应该独立于对有利于焦点假设的先验比率的评估进行（例如，De Finetti, 1989; Earman, 1992; Fischhoff & Beyth-Marom, 1983; Howson & Urbach, 1993）。

5. 参见哈恩和哈里斯（2014）关于心理学术语"偏差"一词的复杂性。

6. 马修·费希尔和弗兰克·凯尔（Matthew Fisher & Frank Keil, 2014）发现，被试在通过争论来判断他们证明自己信仰的能力时，没有进行很好的校准。在他们的发现中，与我侧偏差的研究最相关的是，被试的信念越接近坚信，被试校准得越差——被试几乎总是相信他们可以为自己的坚信提供很好的论据，而事实上他们不能。

7. 尽管我侧偏差和愿望思维（wishful thinking）都是关于动机性推理的一般文献中的子类心理学效应，但它们在几个方面有所不同。愿望思维是指认为未来或未知的结果将与自己的**偏好**一致——将要发生的正是自己想要发生的事情。我侧偏差是指以一种与强烈持有的**信念**或坚信一致的方式解释证据。愿望思维是指我们渴望**发生**的事情（一个实用主义的问题），而我侧偏差是指我们渴望的是**真实**的信念（一个认知层面的问题）。

8. 沃森（Wason, 1966）四卡片选择任务的一个抽象版本是：向被试展示四个矩形，每个矩形代表一张放在桌子上的卡片。被试被告知每张卡片的一侧有一个字母，另一侧有一个数字，并且他们被告知了规则："如果一张卡片的字母面有一个元音，那么它的数字面有一个偶数。"被试的任务是决定必须翻转哪张或哪些牌，以便找出规则是真是假。面向被试的四张卡片展示的内容分别是 K、A、8 和 5。正确答案是 A 和 5（唯二的可以显示规则是错误的两张卡片），但大多数被试回答了错误的 A 和 8（显示所谓的"匹配偏差"；见 Evans, 1989, 2010）。在一些研究中使用了附带内容的规则（"菜单如果一面有鱼，另一面就会有酒"），在另一些研究中，使用的规则规定了哪些行为是必需的、被禁止的或允许的。（"任何超过 30 美元的销售都必须得到部门经理的批准"。）

9. 我使用"乍一看"是因为，正如我们将在第二章中看到的，这里的规范性问题比它们最初出现时更复杂（参见 Hahn & Harris, 2014）。

10. 一个独立于经验证据的思想实验可能会暗示为什么这样。想象一下风险和收益散点图的四个象限。在四个象限中，其中一个对应着高风险和低收益的活动，其在自然环境中可能会严重缺乏。这种类型的活动通常不被采纳，而且它们经常被当局禁止。这种活动的收益与风险比率如此之低，以至于它们可能会在大多数环境中被排斥。如果高风险、低收益象限人口不足，那么在实际世界中风险与收益的联合分布必须是正相关的（见 Finucane et al., 2000）。

11. 虽然这与我的论点无关，但《泰晤士报》声称美国无证移民的刑事定罪率实际上低于美国本土出生公民的说法似乎并不正确（见 Martinelli, 2017）。

12. 我们将在第二章中看到，有问题的是由远端信念驱动的我侧偏差，而不是由可验信念驱动的我侧偏差。正如默西埃和施佩贝尔（2016, 2017）所言，我们擅长在没有我侧偏差的情况下评估证据的领域（在可验信念的领域），这正是我侧偏差不太成问题的领域；而我们不擅长的抑制我侧偏差的领域（在远端信念的情况下），正是我侧偏差在规范上最有问题的领域。

我侧加工是非理性的吗

在第一章中，关于我侧加工的几个基本问题已经得到了建构。首先，我们已经确定，在无数的实验室研究范式中，都很容易通过实验证实我侧偏差；其次，我侧偏差是无处不在的，因为它不仅仅局限于具有某些认知特征的个体，也不仅仅是少数被研究个体的特征；再次，我侧加工的特点是我们对现实生活问题的思考，而不仅仅是对抽象的实验室任务的处理；最后，第一章的最后一节讨论了为什么我侧加工可能已经演变为人类信息加工的基本特征。但是，到目前为止尚未解决的一个迫在眉睫的问题是，我侧偏差是不是非理性的——它是否代表一种思维错误？或者，用认知科学的语言来说，我们能假设显示我侧偏差是非规范性（non-normative）[1]的吗？

在第一章中讨论了约书亚·克莱曼（1995）使用的术语"偏

差"的两个意义——"偏差"是一种在评价上中立的,或是一种有根本缺陷的推理过程。短语我侧偏差中的"偏差"是否应该按照仅仅描述一种总的信息加工**趋势**的中性意义(没有任何对或错的含义)来理解?抑或是应该理解为,它是一种固有的、有缺陷的信息加工特征,会系统地导致错误和非规范性反应?

首先,这个讨论需要简化,因为用于研究我侧思维的众多范式(见表1.1)涉及许多不同的规范化问题。在这里我将首先以考虑证据评估任务开始我们的讨论,这是最常见的我侧研究范式。在这些任务中,被试必须评估假想的实验所给出的证据的质量。

将我侧偏差视为一种不好的偏差——在作为非形式推理的系统性来源的意义上——的理由初看起来似乎是明确的。我侧偏差显然违反了贝叶斯信念更新的约束。然而,我们将了解,现在下这样的结论还为时过早。围绕我侧偏差的规范性问题其实相当复杂。这是因为在许多实验研究中很常见的,对贝叶斯公式的简单应用,似乎不适用于许多我侧研究范式。

心理学和教育学中关于批判性思维的文献强调我们的将先前的信念和观点从对新近证据和论证的评估中分离的能力(Baron, 2008; Lipman, 1991; Nussbaum & Sinatra, 2003; Perkins, 1995; Sternberg, 2001, 2003)。在批判性思维的框架内来看,自然会认为我侧偏差是一种功能失调的思维方式,并且应该通过关于平衡论证和平衡证据评估的指导来抑制。关于贝叶斯推理的文献（例如，De Finetti, 1989; Earman, 1992; Fischhoff & Beyth-Marom, 1983; Howson & Urbach, 1993）至少**似乎**为关于批判性思维的文献中强调的不偏不倚的证据评估提供了理由。

对于判断和决策，贝叶斯定理具有特殊的显著性。下面所表达的公式经常被用作信念更新这一重要任务的形式化标准——如何根据收到的与假设相关的新证据来更新对特定假设的信念。该公式包含两个基本概念：正在考察的焦点假设（标记为H）和收集到的与假设相关的新数据（标记为D）。

$$P(H/D) = \frac{P(H) \times P(D/H)}{P(H) \times P(D/H) + P(\sim H) \times P(D/\sim H)}$$

在公式中，有一个附加符号，~H（非H）。它指的就是备择假设：如果焦点假设H是错误的，与其互斥的备择假设一定是正确的。因此，备择假设~H的概率，是1减去焦点假设H的概率。

在公式中，P（H）是收集数据**之前**焦点假设成立的概率估计，而P（~H）是收集数据**之前**备择假设成立的概率估计。此外，许多条件概率也起着作用。例如，P（H/D）表示在实际观察到的数据模式出现**之后**，焦点假设成立的概率（这有时被称为"**后验概率**"）。P（D/H）是在焦点假设为真的情况下观察到特定数据模式的概率，P（D/~H）是在备择假设为真的情况下观测到特定数据模式的概率。重要的是,要认识到P(D/H)和P(D/~H)**不是**互补的(它们的和不是1.0)。观测到特定数据的可能性也许在焦点假设成立时很大,**并且**在备择假设成立时也很大;或者在焦点假设成立时可能性不大,**并且**在备择假设成立时也不大。

为了便于我们讨论我侧偏差在规范层面上的适宜性,我还将展示一种不同形式的贝叶斯定理——通过简单的数学变换即可得到。上面的公式是根据当给定一个新的数据(D)时焦点假设(H)的后验概率P(H/D)来写出的。当然,也可以根据当给定一个新的数据(D)时非焦点假设(~H)的后验概率P(~H/D)来写公式。通过将这两个公式相除,我们可以得到贝叶斯公式最具理论可识别性的形式(见Fischhoff & Beyth-Marom, 1983)——一个用所谓的"比率形式"(odds form)写的公式:

$$\frac{P(H/D)}{P(\sim H/D)} = \frac{P(H)}{P(\sim H)} \times \frac{P(H/D)}{P(D/\sim H)}$$

在这个比率公式中,从左到右,三个比率项表示:在收到新数据(D)后,支持焦点假设(H)的后验比率、支持焦点假设的先验比率,和所谓的似然比(likelihood ratio,由给定焦点假设,得到观测数据的概率除以给定备择假设,得到观测数据的概率得来),具体来说就是:

后验比率 ＝ P（H/D）/ P（～H/D）

先验比率 ＝ P（H）/ P（～H）

似然比 ＝ P（D/H）/ P（D/～H）

该公式告诉我们，在收到数据后，支持焦点假设（H）的比率是通过将另外两项，即支持焦点假设的先验比率和似然比，相乘得出的：

支持焦点假设的后验比率 ＝ 先验比率 × 似然比

贝叶斯定理捕捉到的关键的规范性原则是，证据的诊断性（证据能够区分假设和其备择假设的程度，或者更简单地说，似然比）的评估应**独立于**支持焦点假设的先验比率的评估。重点**不是**先验信念不应该影响假设的后验概率，它们当然应该影响，贝叶斯分析是将这些先验信念考虑在内的明确的过程。但关键是它们不应该**两次**被考虑在内。先验信念包含在定义后验概率的两个相乘项之中，但证据的诊断性应与先验信念**分开**评估。因此，批判性思维文献中对于将先验信念与证据评估分离的关注得到了贝叶斯文献的支持（见Fischhoff & Beyth-Marom, 1983）。

然而，我们不应该这么快就得出这样的结论：如此简单的分析意味着任何程度的我侧偏差——任何表明对焦点假设的置信度被用来评估似然比的迹象——自然都是非规范性的。我们在这里所做的简单分析会对部分贝叶斯推理实验适用，在这些实验中，被试会得到数值信息，并被允许以数学方式精确计算似然比（例如，Beyth-Marom & Fischhoff, 1983; Stanovich & West, 1998b）。

然而，在第一章和相关研究文献中所讨论的大多数我侧范式中，并未向被试提供计算似然比的具体数字信息。相反，被试必须评估非正式论证，或者他们需要评价一些假想实验的质量，这些假想实验中会产生与焦点假设相关的数据。相比于似然比的两个组成部分的实际数值，这种信息要模糊得多，因为它需要大量的解释和推断才能从中得出一个主观的似然比。

在这样的研究中，被试并不会被要求去估计数值形式的似然比，而是仅仅评估所提供的信息（非正式论证，或假想实验）。当信息证实了被试的先验信念，而不与他们先前的观点相矛盾时，如果被试对信息的质量给予更高的评价，就可以推断出我侧偏差的存在。通常假设这里的贝叶斯约束为，主体应该对相同的信息给出相等的似然比，不管这些信息证实还是反驳了他们的先验信念。这是20世纪70年代至80年代的早期关于启发式和偏差的文献中的假设。但是，自20世纪90年代以来，越来越多的共识是，这种约束不适用于这些范式。

知识投射论点：先验信念的介入

我们之前讨论了实验评估范式的例子，这种范式在文献中被广泛使用。通常，会给被试展示有缺陷的假想实验，这些实验得出了与被试先前的立场和观点一致或不一致的结论。被试对报告结果与先前假设不一致的研究的评价比报告结果证实他们先前观点的研究的评价更加苛刻。例如，乔纳森·凯勒（Jonathan Koehler, 1993）发现，超心理学家（parapsychologist）和超心理学（parapsychology）的科学批评家会对那些不同意他们先前对于超感官知觉（extrasensory perception）的立场的研究给予更低的评价。但是，凯勒（1993）继续详细分析了让被试的先验信念影响对研究质量的评估——就像他实验中的被试所做的那样——是否真的是非规范性的。他的分析表明，在像这样的其中所呈现信息的可靠性受到质疑的范式中，一定程度的我侧偏差可以在规范性层面上被合理化。

我们现在知道，对于向被试提供信息并让被试评估其来源可靠性的这种范式，即先验信念的概率不影响似然比评估的贝叶斯约束，会被极大地削弱（见Hahn & Harris, 2014）。这一点在类似于凯勒（1993）使用的范式中也是正确的：向被试呈现一项假想的实验，但被试并不像实际科学中那样可以获得相关的情境知识，如研究实验室的可信度及其履历。在这种情况下，部分地根据我们对假设的先验信念去判断结果看上去是否可信,在研究可信度评估中似乎是很自然的。对于凯勒实验中的科学家被试来说似乎尤其如此,这些科学家被试在评估行为学主张方面接受了多年的方法论培训并积累了很多经验。凯勒分析的问题是,他们使用研究结果和他们先验信念之间的差异大小作为评估研究质量的线索,这一做法是否正确。

　　凯勒(1993)在附录中给出了两个形式化证明,论证了在某些情况下,这种先验信念的投射是合理的。与这本书最相关的证明是证明B。在此我不会深入讲述凯勒的形式化推导细节,我将仅仅概述其要点。凯勒的证明中包括对三个命题的定义:A = "这项研究给出了与我的假设或先验信念一致的结果";T = "这项研究给出了与真实的自然状态一致的结果";G = "这是一项高质量的研究"。为了简化证明,凯勒将这些命题都看作0/1命题,但证明中没有什么依赖于这种简化的步骤。凯勒的证明B包括评估两个条件概率的相对约束关系:P(G/A),即研究在与科学家先验信念一致的条件下是高质量研究的概率,以及P(G/～A),即研究在与科学家先验信念不一致的条件下是高质量研究的概率。证明中涉及的问题是,科学家是否有理由认为一项与先验信念一致的研究比一项与我们先验信念不一致的研究更有可能是一项好的研究,或者更正式地说,是否有理由设定P(G/A)>P(G/～A)。

凯勒的等式15（Koehler, 1993, p.51）以及随后解释该等式的评论表明，P（G/A）总是超过P（G/～A）必须满足两个条件。首先，P（T/G）必须大于P（T/～G）。也就是说一个好的研究相比不好的研究更可能产生与自然真实状态相一致的结果。因为除非在最有悖常理的科学环境之中，否则这一点在所有情况下都是正确的，所以我们可以有把握地假设它成立。第二个必须成立的是P（H）必须大于0.50——也就是说，焦点假设H必须是科学家认为的比互斥的备择假设～H更有可能成立的假设。

因此，凯勒的证明B说明的是，在几乎所有情况下，科学家都有理由将与他们所支持的假设相一致的研究评价为比不相一致的研究更好的研究。证明表明，在凯勒（1993）所做的，并在第一章中讨论的这类实验评估研究中，一定程度的我侧偏差是合理的。

事实上，正如我在1999年的一本书《谁是理性的？》（*Who Is Rational?*, Stanovich, 1999）中指出的，尽管凯勒（1993）的论文在给出形式化证明这一方面并不寻常，但在那个时代，让先验信念影响新证据评估的论点在认知心理学文献中多次出现，在科学哲学的文献中也是如此（关于后一个学科领域的讨论，见Kornblith, 1993, pp.104-105）。事实上，它如此普遍，以至于20多年前，我给它起了个名字：知识投射论点（knowledge projection argument, Stanovich, 1999）[2]。这种称谓为理解这样一个论点提供了一个抓手，即在评估新信息的过程中，有时让先验信念牵涉其中是适当的。

基本上，知识投射论点是说，在我们的先验信念大都正确的这种自然生态中，将我们的信念投射到新的数据上会带来更快的知识积累。例如，劳伦·阿洛伊和娜奥米·塔巴奇尼克（Lauren Alloy & Naomi Tabachnik, 1984, p.140）在讨论人类和其他动物的共变性检测的文献时为知识投射辩护：“当个人的期望准确反映他们在自然环境中遇到的突发事件时……他们把接收到的关于事件之间共变性的信息与这些期望进行同化并不是非理性的。”当然，阿洛伊和塔巴奇尼克（1984）强调，为了获得知识投射的益处，我们的投射必须从一套基本准确的信念出发。

乔纳森·埃文斯、戴维·奥韦尔和肯·曼克特洛（Jonathan Evans, David Over & Ken Manktelow, 1993）对于三段论推理中信念偏差的规范性地位的考虑依赖于这一论点的变式。只有在面对令人难以置信的结论时，被试才会对前提进行逻辑推理。埃文斯、奥韦尔和曼克特洛（1993）考虑了这种推理策略是否有可能在有助于实现人的目标的意义上是合理的，他们得出结论认为这是有可能的。同样，只有使用在相关领域中基本正确的信念子集时，这样的策略才会起作用（类似的论点参见Edwards & Smith, 1996）。知识投射只有在推理者的大多数的信念都是真实的**总体**领域才有效。然而，当推理者投射的信念子集包含大量虚假信息时，知识投射会延迟正确信息的同化。

想象两个科学家，甲和乙，在领域X工作。科学家甲持有的领域X的大部分假设是真的，科学家乙持有的领域X的大部分假设是假的。想象一下，然后他们都开始以凯勒（1993）实验证明的方式，在相同的新证据上投射他们的先验信念——当证据与先验信念相矛盾时，他们更倾向于低估证据。很明显，科学家甲——在真实信念的数量上已经超过了乙——将随着新数据的出现而增加这种优势。来自不同先验的知识投射是产生信念极化效应的机制，这一效应曾在第一章中讨论的著名的查尔斯·洛德、李·罗斯和马克·莱珀（1979）的研究中被证明（见Cook & Lewandowsky, 2016; Hahn & Harris, 2014; Jern, Chang & Kemp, 2014）。

总的来说，在推理者的大部分先验信念为真的领域中，知识投射趋势是有效的，但它也可能会将某些人隔离在"错误信念岛屿"上，由于知识投射趋势，他们无法逃离这些岛屿。简而言之，当投射在特别不合适的情况下使用时，可能会有一种"知识隔离效应"。因此，总的来说，知识投射可能会导致更快催生出新的真实信念，然而，当人们实际上不断接触大量基本上是错误的信念，并利用这些信念来构建他们对证据的评估时，知识投射可能就会是一个陷阱，从而让人们更快地将不正确的信念添加到袋子中，以便进一步投射。来自"错误信念岛屿"的知识投射可以解释这样一种现象，即原本聪明的人却陷入特定领域的虚假罗网，并且由于投射倾向，他们无法逃脱（例如，原本有能力的物理科学家却相信创世论）。事实上，这样的人经常使用他们可观的计算能力来合理化他们的信仰，并避开怀疑论者的论点（Evans, 1996, 2019; Evans & Wason, 1976; Nisbett & Wilson, 1977; Wason, 1969）。

总之，在总体统计的基础上，知识投射很可能提高获得真实信念的速度。但这并不能阻止先验信念特别荒谬的特定个人投射它们，并发展与现实更不一致的信念。无论如何，凯勒的证明B加强了一系列学术研究，表明当似然比没有定量指定时，先验概率也可以有效地用于似然比的估计中，尤其是当来源可信度和信任问题受到威胁时（Druckman & McGrath, 2019; Gentzkow & Shapiro, 2006; Hahn & Harris, 2014; Kim, Park & Young, 2020; O'Connor & Weatherall, 2018; Tappin & Gadsby, 2019; Tappin, Pennycook & Rand, 2020）。[3]

我侧偏差的局部理性与全局理性

在本节中，我将更深入地探讨什么样的推理行为被凯勒的证明B认为是规范的。回想一下，当两个互斥的备择假设成立时，凯勒的证明B表明我们有理由使用我们的先验信念来帮助评估似然比，即我们判断P（G/A）>P（G/～A）是合理的。两个关键假设之一是P（H）必须大于0.50，也就是说，焦点假设H必须是先前经验和证据认为比互斥的备择假设～H更有可能成立的假设。

"更有可能成立"中的模糊性掩盖了这样一个事实，即凯勒的证明B并没有表明我侧偏差在所有情况下都是规范的；或者，我们可以说，它仅仅在狭义或非常局部的意义上是规范的——即在推理者正在吸收新的证据的有限情况下。凯勒证明完全没有解决这样一种我侧偏差，即可能决定了推理者现在将要投射的先验知识的我侧偏差。当目前的先验知识本身不是由我侧偏差决定的时候，我将这种情况称为"**全局理性**"（globally rational）。也就是说，在吸收新的证据时，**只有**在先验概率是通过一个本身没有我侧偏差的过程得出时，将先验概率投射到新证据才是全局理性的。当我们不知道推理者的先验概率如何确定时，凯勒的证明B只能表明，将它投射到这个新证据上并不是非理性的——它只是"**局部理性**"（locally rational）的。

为了实现全局理性，我们要求P（H）包含能有效反映新结果可信度的先验知识，而不仅仅是对这一假设的我侧偏好。当然，全局理性在一个连续体上，并且，在一个特定的例子中，我们可能并不能完全意识到我们的先验概率有多少是基于真实的证据,有多少是来自我们世界观的我侧投射。不过,对我侧偏差的元认知意识存在个体差异,而这些个体差异创造了一些有趣的讽刺。例如,我们不希望看到那些**最不**了解全局理性标准的人,被允许依据凯勒的证明B在他们吸收新证据时轻率地投射他们的先验信念。然而,围绕H是什么的措辞的模糊性恰恰将这种恶作剧般的可能性引入了证明。原因是证明本身在推理者对H的态度上没有任何限制——证明只要求焦点假设H被认为"更有可能是真的"。

在凯勒证明B中,我们对H的理解决定了随后的一切,因为它在定义A(即证据是否与被认为更有可能成立的焦点假设一致)时至关重要,而A决定了一项研究是否被认为进行得很好(G,即凯勒分析中的一个很好的研究),因为G的概率很大程度上取决于所讨论研究的最终结果是A还是~A。为了实现全局理性,你必须根据对以前证据的**准确**看法认为H更有可能。H不是你**想要**它成立的假设;不是一个充满了先前证据评估中我侧偏差影响的假设;也不是一个需要符合你的世界观的假设。全局理性要求H必须是我所说的"证据支持的假设"(evidence-favored hypothesis),而不是"个人支持的假设"(personally-favored hypothesis)。但凯勒的证明B的局部理性并不要求这一点。

举个例子可能会有所帮助。想象一下,一位心理学教授被要求评估一项关于智力遗传力的典型研究的质量，并围绕人类智力遗传力为零或不为零的假设来构建先验和后验概率。假设教授知道智力具有大量遗传性的证据（Deary, 2013; Plomin et al., 2016; Rindermann, Becker & Coyle, 2020），但是由于个人更倾向于人性的"白板"观点，教授希望智力的遗传性不是真的——事实上，她希望智力的遗传力为零。问题是，教授用考虑P（G/A）>P（G/~A）的合理策略来处理新数据时使用的H是什么？教授用来与数据进行比较以确定数据与先验假设一致（A）还是不一致（~A）时的H是什么？

我们将把这里的教授称为凯莉，并且假设她是有元意识并且精神上自律的。凯莉知道，最有可能成真的假设（"人类智力的遗传力不是零"），并不是凯莉**想要**成真的假设（"人类智力的遗传力是零"）。于是，凯莉运用精神自律将他们知道最有可能的假设——"人类智力的遗传力不是零"——代入P（H）>0.50的焦点假设中。当凯莉接着在新证据中投射这一先验假设时，凯莉既是局部理性的也是全局理性的。

值得注意的是，如果我们局限于评估局部理性，我们没有办法将这位有清楚自我认知的教授与另一位接受"白板"观点（见Pinker, 2002），即认为人类智力的差异性不由遗传因素导致的学者区分开。从这一点我们可以清楚地看到凯勒的证明B的局限性。第二位教授，我们称他为戴尔，从同事那里了解了智力具有大量遗传性的证据,但他回避了这些证据。假设这位精神上不够自律的教授选择"人类智力的遗传力为零"这一命题作为焦点假设H,并假设P(H)>0.50。我们会怀疑教授正在用充满我侧偏差的假设代替对证据的真实看法。更令人不安的是,戴尔可能会继续投射这种先验信念来评估新证据的可信度——当他用这一假设H来确定数据是否与假设一致(A还是~A)的时候。然而,凯勒证明B本身并不能帮助我们证明戴尔是错的。

简而言之,凯莉知道最可能成立的假设H并不总是她希望成立的假设。凯莉知道证据支持的假设和个人支持的假设并不总是同一个假设。相反,戴尔混淆了两者。戴尔认为自己**想要**成立的假设实际上**更有可能**成立。值得注意的是,凯勒的证据并没有将凯莉和戴尔区分开来——二者的投射先验的行为都是规范的——我们看到凯勒证明B的结论是相当有限的。它只确立了我侧偏差是**局部**规范的,但没有提到全局的规范性。我使用"局部"这个术语是因为所有的繁重工作都是在这个等式生效之前完成的,即在新数据到来**之前**。为了在证据评估中全局性地许可先验信念的投射,基于证据的先验必须至少在新证据之前的信念更新序列中占主导地位(超过个人偏好的先验)。如果持不同先验信念的人没有实现这种更全局的理性,那么他们就不会达到贝叶斯收敛。持有不同先验信念的人们在看到足够多的相同证据后，最终也不会在后验信念中收敛（尽管收敛本身有许多未被承认的复杂性，见Bullock, 2009）。

尽管凯勒的证明B允许凯莉和戴尔在评估新实验的可信度时投射他们目前的先验信念，但它既没有肯定也没有禁止他们广泛的认识论历史中的任何东西，而正是认识论历史的差异**导致**他们形成了不同的焦点假设P（H）。具体来说，凯勒的证明B没有反驳戴尔在全局行为上的问题，即忽略过去关于这个研究问题的证据，并插入了一个期望的而不是基于证据的假设作为焦点假设。凯勒的证明**B允许**局部知识投射，而不是全局知识投射。凯莉和戴尔的局部知识投射可能都是规范的，但在全局层面上，戴尔就不那么理性了。[4]

全局理性的我侧思维：投射可验信念与远端信念

全局理性要求恰当地选择焦点假设H。[5]所谓恰当地选择，意思是选择使P（H）>0.50的假设H是基于之前的证据，而不仅仅是基于与世界观的联系。凯勒的证明B的最大局限是它受到所谓"连环滥用"（serial abuse）的影响。它并没有评估先验信念的来源——即先验信念是否具有强有力的证据基础。它允许像戴尔这样的人引入简单地遵循世界观的先验信念，而不是基于证据的先验信念。凯勒的证明B的滥用者在评价一个特定的可验命题时，会利用与世界观的关联来为该命题选择先验信念，而不是基于证据的可验信念。

可以对导致应该预测和不应该预测的焦点假设的情况类型进行一些概括。我将再次利用罗伯特·埃布尔森（1986）对可验信念和远端信念的区分（后者在被我使用时与"坚信"或"世界观"同义）。[6]

在探究我侧偏差在局部理性之外是不是全局理性的时，我们必须考虑推理者是如何得到他们认为最有可能的焦点假设H的，推理者认为这一焦点假设比互斥的备择假设～H更有可能成立。如果推理者的先验概率来自一个可验命题，且在使用前已对其进行认识论上的必要更新（就像凯莉的例子），那么我们看到的知识投射既是局部理性的也是全局理性的。然而，戴尔的情况不同。戴尔的世界观，而不是证据，导致"人类智力的零遗传力"的先验成了焦点假设（从推理者的角度来看，这个假设最有可能是真的）。

当然，这种情况实际上是连续体上的一个点——大多数人的先验信念在某种程度上受到基于证据的知识的影响，而在某种程度上则会受到不可检验的坚信和世界观的驱使。大多数人的先验信念都是世界观和证据的某种未知结合。图2.1展示了三个例子，前两个对应我们讨论过的戴尔和凯莉。所讨论的具体问题是如何评估关于私立学校教育券[①]在提高教育成绩方面的功效的新数据。一方面，戴尔必须生成一个先验信念（箭头B）以与证据的诊断性相吻合（箭头C），并依照凯勒的证明B将先验用于评估证据本身（箭头A）。戴尔对学校教育或教育辩论知之甚少，因此在形成先验概率时几乎没有实际可测试的知识。但是，戴尔持有的世界观对私立学校教育券的有效性有着持久的立场，所以戴尔在形成先验信念时非常依赖这一点。箭头的粗细反映了证据和世界观的相对权重。当戴尔投射先验信念时（箭头A），戴尔投射的是世界观，而不是基于证据的知识。

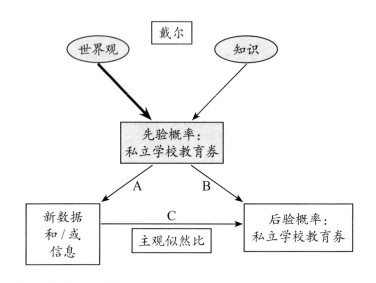

---

① "教育券"是美国的一种政策手段，将教育经费以券的形式发放给学生与家长，让他们以教育券冲抵学费，自主选择就读的公立或私立学校。——译者注

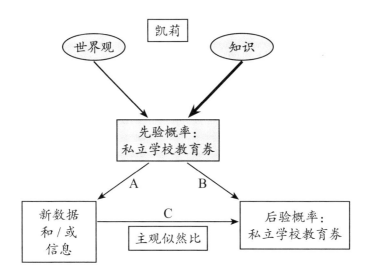

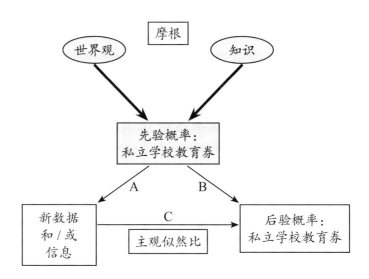

图 2.1　在确定先验概率时，

世界观和实际知识的三种不同权重

另一方面,凯莉通过高质量的媒体来源广泛阅读了私立学校教育券的有效性问题。凯莉对在教育中涉及的问题了解很多。凯莉把所有这些都用于发展先验概率,并且在这个问题上很少依赖与特定立场相关的世界观。当凯莉投射这样的先验信念(箭头A)时,凯莉在很大程度上投射了知识。凯莉的我侧偏差是全局理性的,而戴尔的则不是。

我们的第三位心理学教授——我们称她为摩根,展示了世界观和可验知识之间的权衡其实是连续的。在评估关于私立学校教育券有效性的研究时,摩根比戴尔拥有更多可验知识用于形成她的先验信念,但比凯莉拥有的少;此外,摩根比凯莉更多地依赖一种世界观,即远端信念,但比戴尔依赖得少。

图2.1可以让我们想象,当我们利用信息形成焦点假设的先验概率时,我们所处的连续体。在某种程度上,推理者会在某种程度上像凯莉那样形成先验概率,然后按照凯勒已经证明了的规范性与合理性的方式,继续将这一先验概率投射到证据评估中,而凯莉在这种特定的情况下并没有滥用凯勒的证明B提供的投射先验的许可。凯莉既有全局理性,也有局部理性。

信念极化可以是理性的

凯勒(1993)的分析解释了在洛德、罗斯和莱珀(1979)的研究中观察到的信念极化效应,该研究在第一章中已经进行了讨论(另见Taber & Lodge, 2006)。回忆一下,洛德、罗斯和莱珀(1979)向被试介绍了两项关于死刑影响的研究,这两项研究提供了相互矛盾的证据,因为研究的结果是相反的。然而,在观察了混合证据后,报告显示,两个对立的团体(赞成和反对死刑)的分歧比实验开始时更大。这项实验证明了信念极化效应,即当两个被试看到相同的证据时,他们的后验概率产生了分歧而不是趋同。

利用凯勒的分析,我们可以假设洛德、罗斯和莱珀(1979)研究中的两组被试都满足知识投射的条件,并且两组被试都假设P(G/A)>P(G/~A)是合理的。因此,从**功能**上看,并不能说被试在这个研究问题的两个方面都接受了一项说服力相同的研究。事实上,通过假设P(G/A)>P(G/~A),他们看到一个与先验信念一致的研究比一个与先验信念不一致的研究要好一些。因此,支持和反对死刑的两组被试的似然比都大于1。每一组的似然比将焦点假设的概率推向一个更极端的方向,因此增加了极化。

艾伦·耶恩,张凯闵和查尔斯·肯普(Alan Jern, Kai-min Chang & Charles Kemp, 2014)对规范适当的信念极化需满足的条件进行了更全面的分析。从他们的正式分析中得到的关键信息是,当不同的被试对焦点假设与所获得的数据的关系有不同的框架时，信念极化往往会发生，而且实际上并不是非理性的。

耶恩、张和肯普（2014）的论文包含许多例子，但我将修改其中一个最简单的例子来说明这一点。想象一下，两个棋手鲍比和鲍里斯正在对弈，他们中途离开棋盘去休息一下。你和我是在那个时候进入房间的两个观众，没有看到棋局的开始。你认为鲍比明显比鲍里斯强很多，而我认为鲍里斯明显比鲍比强很多。我们都看了看棋盘，发现白棋在棋局中有很大的优势。根据我们之前对两位棋手的看法，你会认为鲍比很可能执白子，而我会认为鲍里斯很可能执白子。如果我们现在都按照完美贝叶斯的方式更新鲍比和鲍里斯谁会赢的先验概率，我们的后验概率差距会更大。因为我们使用不同的假设来解释数据（即不完全的棋局信息），所以即使我们都没有非理性的行为，结果也显示出了信念极化。

然而，耶恩、张和肯普（2014）列举的剩下的例子要比这微妙得多，其中许多是对实际实验的分析，这些实际实验类似于上述关于棋局的思维实验的温和版本，并且似乎同样产生了信念极化。例如，他们讨论了斯科特·普劳斯（Scott Plous, 1991）关于人们对核能的态度的实验。在那次实验中，核能的支持者和反对者阅读了一段关于1979年发生在宾夕法尼亚州三英里岛的核反应堆事故的平衡而公正的描述。在阅读了描述后，支持者和反对者在关于核能的有效性和安全性的问题上产生了更大的分歧：他们并没有像在简化贝叶斯模型下所期望的那样，在阅读了平衡而公正的描述后在意见上趋同。

耶恩、张和肯普（2014）讨论了对三英里岛事件的描述可能会如何强化支持者和反对者的两种不同的世界观，而不是让他们更加中立。在三英里岛事故中，一个反应堆发生了故障，但事故得到了控制。耶恩、张和肯普（2014）指出，一方面，支持核能的被试可能有一种"容许错误"（fault-tolerant）的世界观，在这种世界观中，故障是必然会发生的，但很可能是安全可控的。普劳斯（1991）自己提到，在实验的自由反应部分，支持核能的学生倾向于将故障视为一次对系统安全保障的成功测试。而另一方面，反对者可能持有一种"避免错误"（fault-free）的世界观，认为任何故障都是不可接受的。因此，两组被试可能都认为对事件的描述强化了他们之前的世界观，从而导致信念极化。他们将同样的证据解释为具有不同的含义，因为这些证据与他们之前的世界观相结合的方式不同。

凯勒（1993）与耶恩、张和肯普（2014）的分析都表明，简单的贝叶斯约束，即先验概率不应影响对似然比的评估，只有当似然比中的概率被规定或被直接观察时才成立，就像经典的书本-背包实验和扑克-筹码实验（Edwards, 1982）。在这样的情境下，似然比可以被确定地计算出来，不存在信息来源的可靠性问题。但凯勒（1993）与耶恩、张和肯普（2014）的分析都力证了乌尔丽克·哈恩和亚当·哈里斯（Ulrike Hahn & Adam Harris, 2014）深入探讨的一点，即当涉及新信息的可靠性或可信度问题时，贝叶斯推理会变得更加复杂。[7]从他们微妙的综述中得出的最重要的结论之一是，用于贝叶斯更新的新信息的实际内容会影响我们对新证据**诊断性**的评估。它可以通过影响我们对证据来源可信度的判断来做到这一点，这取决于我们的先验概率和似然比的大小和方向之间的差距。差距越大，证据就越令人惊讶，我们就越会质疑证据的来源，从而降低证据的隐含诊断性。哈恩和哈里斯（2014, p.90）指出，"证词的内容本身可能会提供一个信息源可靠性的指标（而且在许多情况下是唯一的指标）"，他们也讨论了其他的分析，这些分析认为基于信息内容本身来形成关于信息源可靠性的信念是合适的（Bovens & Hartmann, 2003; Gentzkow & Shapiro, 2006; Olsson, 2013）。

耶恩、张和肯普（2014；另见Gershman, 2019; Kahan, 2016）认为信念极化在特定情境下是规范的，凯勒（1993）认为使用先验概率评估研究质量是规范的，二者的观点有许多相似之处。在这两种情况下，关于规范性的论述都是局部的，而不是全局的。凯勒的规范性分析并不批判导致先验概率发展的步骤。然而，从更全局的角度来看，如果先验概率是非理性的（也就是说，源于非规范性先验我侧处理），那么投射先验概率将导致全局非理性的后验概率。同样，耶恩、张和肯普（2014）的分

析也没有评估用于解释数据的框架的合理性（参见Andreoni &
Mylovanov, 2012; Benoit & Dubra, 2016）或与框架相关的辅助
假设的合理性（Gershman, 2019）。在信念极化实验中，如果其
中一方使用的框架是严重非理性的，那么在极化实验中至少一
方的后验概率将是全局非理性的。

区分"好的"我侧偏差和"坏的"我侧偏差

从20世纪70年代至20世纪90年代，在最初几十年的关于
启发式和偏差的传统研究工作中（Kahneman & Tversky, 1973;
Tversky & Kahneman, 1974），我侧偏差（通常被称为"证实偏
差"，见Mercier, 2017）仅仅被视为越来越长的偏差列表（包括
锚定偏差、事后偏差、易得性偏差等）中的又一个偏差，我侧偏
差在旨在研究它在实验室范式中的出现被认为是非规范性的，
且在大多数论文中并没有太多讨论。在整个20世纪90年代，知
识投射论的出现（见上文，以及Stanovich, 1999），使得启发式和
偏差研究者意识到他们对偏差的非规范性的定论其实是以偏概
全。为了遏制他们所看到的这种使用远端世界观来构建所有证
据搜索和评估的明显功能失调的行为，这些早期的研究人员没
有发现科学家使用经过深思熟虑和基于证据的先验信念来评估
新实验证据的可信度实际上是十分有效的。研究人员没有看

到以这种方式投射先验知识是规范合适的。这实际上是凯勒（1993）的实证研究中训练有素的科学家看到关于超感官知觉的数据和实验时所做的处理。事实上，凯勒发现，正是持怀疑态度的科学家表现出了一些最大的我侧偏差。

如上所述，凯勒的证明B表明，科学家的行为在规范上是适当的，或者至少定性地来看是适当的。然而，凯勒的证明B的问题在于，即使先验概率是来自远端信念——即来自没有证据支持的坚信——凯勒的证明仍然适用。凯勒的证明B本身无法区分基于坚信的先验概率和基于证据的先验概率。耶恩、张和肯普（2014）关于信念极化的规范性解释同样无法区分基于合理科学差异的框架与基于不可检验的远端信念或世界观的框架。

因此，我们似乎已经从一个不令人满意的情况转移到了另一个不令人满意的情况。有关旧的启发式和偏差的文献称我侧思维过于不理性。由于过于严格地遵循这一规则，即先验概率**永远不**应该被牵连到似然比的评估中，文献排除了一些非常合理的推理行为。有关旧的启发式和偏差的文献，在针对我们通俗地称为"坏"的类型的我侧偏差（让未经测试的坚信影响对新证据的解释）时，也错误地谴责了"好"的类型的我侧偏差（让科学家使用基于证据的先验概率来评估新证据的可信度）。但是，在用凯勒（1993）和耶恩、张和肯普（2014）的理论纠正这一错误时，我们只是将所有事物的极性向相反的方向翻转了。[8]

这些新的分析虽然规范性地认可了我侧偏差的好的类型，但同时也没有排除坏的类型。

因此，我们似乎陷入了僵局。通过对我侧偏差的认识理性的哲学讨论，我们似乎无法得到我们直觉上想要的东西：一种既认为好的我侧偏差在规范上是适当的，同时又判断坏的我侧偏差为非理性的哲学分析。正如认知科学中经常出现的情况一样，这种僵局可能是重新审视我们直觉的信号。我们似乎找不到一种理论来在规范性上谴责将世界观投射到证据评估的行为。也许我们应该更彻底地用更广泛的理性概念，来探索我们将世界观投射到证据评估上的直觉是不是错误的——或者至少在什么意义上是错误的。

对证据投射世界观必然是非理性的吗

到目前为止，我们一直将我侧偏差完全视为认知理性的问题，但在对其规范地位的全面讨论中也需要考虑工具理性。两者之间的区别在于：什么是真实的，什么是应该做的（见Manktelow, 2004）。认知理性是关于什么是真实的，工具理性是关于什么是应该做的。

为了让我们的信念是理性的，它们必须符合世界的方式——它们必须是真实的。相对地，为了使我们的行为具有工具理性,它们必须是实现我们目标的最佳手段——它们必须是最好的做法。从技术上讲,我们可以将工具理性描述为个人目标实现的最优化。经济学家和认知科学家已经将"目标实现的最优化"概念提炼进"预期效用"的技术概念。

到目前为止,我们讨论过的规范性分析——像凯勒(1993)和耶恩、张和肯普(2014)的分析——仅仅从认知理性的角度审视了我侧偏差,即信息处理成功的标准是一个人的信念是否有正确的概率。然而,这些分析完全忽略了工具方面的因素。这是一个重大的遗漏,因为在评估认知理性时考虑工具理性并没有错。正如哲学家理查德·福利(Richard Foley, 1991, p.371)所说,"原则上,依据你的信念能多大程度上促进非智力目标来评估信念的合理性并没有什么错"。罗素·戈尔曼、戴维·哈格曼和乔治·勒文施泰因(Russell Golman, David Hagmann & George Loewenstein, 2017)讨论了**避免**可能扰乱信念的信息也可能是一种工具理性。

认知理性和工具理性可以分离,尤其是在像人类这样复杂的有机体中。当我们过于狂热地追求真理时,可能会在目标实现上付出代价。同样,采用不准确的信念可能会有工具性的好处。例如,尼克·蔡特和乔治·勒文施泰因(Nick Chater & George Loewenstein, 2016)讨论了为什么信念的改变可能会显示出相当大的惰性,因为它会产生许多成本。寻找一个更好的模型来容纳新的信息可能是困难的，而且在认知上很费力。蔡特和勒文施泰因（2016）指出，想要为信念网络中需要改变的信息寻找一个更好的解释，最简单的方法是对当前解释做最少的局部调整。他们指出，认知科学中的许多计算机模型通过对更好的认知模型进行高度局部搜索来适应新的信息。蔡特和勒文施泰因（2016）还指出，适应新信息往往需要重构网络中的其他信息。

简而言之，一个高效的认知主体应该在现有模型中做出尽可能少的改变，而且这些改变应该尽可能是局部的。这种高效势必会造成一种我侧偏差：人们会不愿意处理和适应与自己的信念相冲突的信息。信念改变的代价也可以解释许多有记录的实例，在这些实例中真实的信念被明确地**避免**（Golman, Hagmann & Loewenstein, 2017）。

因此，实现工具理性有时可能需要牺牲认知理性。对信念改变的成本分析的一个补充是对"接受没有完全追寻真相的信念是否可能有工具性**收益**"的分析，例如在动机领域（Golman, Hagmann & Loewenstein, 2017; McKay & Dennett, 2009; Sharot, 2011; Sharot & Garrett, 2016）。同样，在人际关系领域也有好处。例如，理查德·福利（Richard Foley, 1991, p.375）描述了这样一个例子：一个人相信他的爱人是忠诚的，尽管有大量的证据表明事实恰恰相反。因为相信爱人是忠诚的可以满足他的很多欲望（关系可以继续，家庭生活的安排不会被打乱），所以毫不意外，如果你处在这样的情况下，"你会发现自己会坚持更高的证据标准，并且可能需要极其明显的证据才能让你确信爱人的不忠"。在不知道有目标或欲望参与的情况下，外界的观察者可能会认为信念改变的标准高得并不理性。然而，同时考虑认知目标**和**工具目标使得这里的高认知标准的设置看起来是理性的。

一般来说，一个包含许多真理和少数谬误的信念网络能够更好地实现一个人的目标。在大多数情况下，真实的信念会促进目标的实现，但并不总是如此，例如在福利（1991）提到的情况中，信念的认知原因和实际原因已经分离。在这种情况下，让工具目标凌驾于认知目标至少不是非理性的。

社会领域是一个经常使认知准确性服从于工具理性的领域。群体凝聚力往往要求群体成员持有那些显示出相当大惰性的信念。从定义上来说，成为一个优秀的团队成员就需要成员在遇到与团队信念相矛盾的想法时，表现出相当大的我侧偏差。然而，几乎总是存在这样的情况：我侧偏差会将不准确性引入一个人的信念网络，但其代价会被群体成员身份所提供的可观利益所抵消（Boyer, 2018; Clark et al., 2019; Clark & Winegard, 2020; Dunbar, 2016; Greene, 2013; Haidt, 2012; Kim, Park & Young, 2020; Sloman & Fernbach, 2017; Van Bavel &

Pereira, 2018）。

政治学方面的研究似乎支持这一猜想。莉莉安娜·梅森（Lilliana Mason, 2018a）发现，政党团体之间的情感极化程度更多地由群体身份驱动，而不是基于问题的意识形态。在统计上，党派认同比在具体问题上的实际差异更能预测结果（见Cohen, 2003和Iyengar, Sood & Lelkes, 2012，二者得到了类似的发现）。梅森（2018a, p.885）总结道："'自由派'和'保守派'标签背后的预测对内群体意识形态的强烈偏好的力量，主要是基于对这些群体的社会认同，而不是与标签相关的态度的组织。"为了说明这一点，梅森（2018a）将她的文章命名为"脱离具体问题的意识形态"（Ideologues Without Issues）。

许多不同的理论家（theorists）在关于信念的心理学研究中假设了两个相互竞争的动机：追求认知准确性的动机和接受那些服务于社会或群体目的的信念的动机（Chen, Duckworth & Chaiken, 1999; Flynn, Nyhan & Reifler, 2017; Golman, Hagmann & Loewenstein, 2017; Haidt, 2001, 2012; Kunda, 1990; Loewenstein & Molnar, 2018; Petty & Wegener, 1998; Taber & Lodge, 2006; Tetlock, 2002; West & Kenny, 2011）。一些我侧偏差的例子可能是由于一个人牺牲认知准确性来服务于工具性的社会目标。因此，自动地将任何在认知任务上的非规范性反应认定为非理性的这一做法是错误的，因为主体可能是在工具层面上追求理性。我们在第一章中介绍的德国汽车实验的被试（Stanovich & West, 2008b）可能显示出了我侧偏差，但在特定的背景下，认定它是非理性的是错误的。一个人偏好有利于自己国家的监管决策和经济决策，这在本质上并不是非理性的。正如科里·克拉克及其同事（Cory Clark et al., 2019, p.590）所指出的，"以偏好的眼光看待自己所在的部落并不一定是非理性的"。因此，我侧偏差主要源于群体认同（Clark & Winegard, 2020; Clark et al., 2019; Haidt, 2012; Tetlock, 2002）。

丹·卡亨（Kahan, 2013, 2015；同样可见Kahan et al., 2017）有一个研究项目，重点关注这种我侧偏差的群体认同来源——他称为"身份保护认知"（identity protective cognition）。根据卡亨的说法，当我们对一个亲和群体有明确的承诺时，这种类型的认知就会出现，这个群体往往将某些信念作为其社会身份的核心。我们所接触的涨落的信息可能包含着削弱这些核心信念之一的证据。如果一个人在这个证据的基础上准确地更新他的信念，他们可能会使自己受到一个定义了他们身份的群体的制裁。因此，个人会很自然地对这些信念产生我侧偏差——在接纳否定性信息时采用高阈值，而在吸收支持性信息时采用低阈值（Johnston, Lavine, and Federico, 2017）。

如果没有对认知成本和群体认同收益进行适当的核算，就很难知道我侧偏差是不是非理性的。因此，由身份保护认知所驱动的我侧偏差并不一定是非理性的。正如卡亨（2012, p.255）所指出的，"如果社会科学有任何证据表明公民在文化上表现出极化，那实际上是因为他们过于理性地过滤掉了那些会在自己和同龄人之间制造隔阂的信息"。卡亨（2013, 2015）的身份保护认知属于一类符号化行为，这类行为已经用各种概念标签（符号效用、伦理偏好、保护性价值观等）进行了讨论，但我之前已经将其归类为"表达理性"这一通用术语（见Stanovich, 2004）。

表达理性：交流的功能性

人类的很多交流并不旨在传达关于"什么是真实"的信息（Tetlock, 2002）。这些交流其实是给他人的信号，有时也是给我们自己的信号。这样的交流是**功能性**信号，因为当被传递给他人时，它们将我们与我们所重视的群体联系在一起，而当被发送给我们自己时，它们具有激励的功能。这些信号有时被称为表达理性（expressive rationality）的范例，以反映这样一个事实，即它们并非旨在最大化一阶欲望或即时消费效用（见 Abelson, 1996; Akerlof & Kranton, 2010; Anderson, 1993; Golman, Hagmann, and Loewenstein, 2017; Hargreaves Heap, 1992; Stanovich, 2004, 2013）。

　　诺齐克（1993）的另一个术语——象征效用——用于区分效用的表达来源与其他更具体可感的来源。诺齐克（1993）将象征效用定义为一种行动，它可以"象征某种特定的情况，并且这种被象征的情况的效用通过象征性的联系被归结到行动本身"（Nozick, 1993, p.27）。诺齐克指出，如果象征性行动与实际结果之间明显缺乏因果联系，但象征性行动仍在继续执行，我们很容易怀疑象征效用是非理性的。诺齐克提到，各种禁毒措施可能属于此类情况。在某些情况下，已有证据表明禁毒计划和实际吸毒的减少并没有因果关系，但这种计划仍然会继续，因为它已成为我们关注禁毒的象征。如今，许多聚焦于全球变暖的行动都具备这种逻辑（它们的直接效果并没有它们发出的信号意义重要）。另一个例子可能是，我们会买一些书，即使知道自己永远不会读它们。行为经济学还提供了一些例子，说明人们将信念视为投资，通过发出信号表明他们的身份包含此类"认知资产"而获得效用（Bénabou & Tirole, 2011; Golman, Hagmann & Loewenstein, 2017; Sharot & Sunstein, 2020）。

　　许多表达理性的行为是出于对我们"成为某种类型的人"的关注，或是向社会群体发出我们是某一类人的信号。对于我们中的许多人来说，投票行为具有这样一种象征性的功能。我们中的许多人都知道，我们从投票对政治体系的影响中获得的直接效用（权重为百万分之一或十万分之一，取决于选举）小于投票所需的努力（Baron, 1998; Brennan & Hamlin, 1998），但我们永远不会错过选举。我们中的许多人都清楚：我们在选举中获得的效能感是错误的，但在投票时仍然会感到温暖。

但是在刚才描述的例子中，执行投票的行为可能使人们能够保持自己的**形象**。表达行为可能会通过这种方式起到激励作用。将自己强化为"那种人"的形象可能会使这个人在以后更容易做出**实际上**与使他成为"那种人"具有因果关系的行为。

经济学文献中的伦理偏好（ethical preferences）的概念（Anderson, 1993; Hirschman, 1986; Hollis, 1992）阐释了表达理性的另一个例子。20世纪70年代对非工会葡萄的抵制、20世纪80年代对南非产品的抵制以及20世纪90年代出现的对公平贸易产品的兴趣都是伦理偏好的例子。同样，将投票作为一种表达行为的分析并不强调投票的工具效用，而是强调信号传递和心理上的益处（Brennan & Lomasky, 1993; Johnston et al., 2017; Lomasky, 2008）。

表达性回应部分解释了政治学中一个著名的我侧发现：相比不利的事实，人们更容易学习和保留对所在政党有利的事实（Bartels, 2002; Gerber & Huber, 2010; Jerit & Barabas, 2012）。然而，约翰·布洛克及其同事（John Bullock, et al., 2015）发现，对正确的回应采取比较温和的激励措施，即使不能完全消除也可以大大减少这种我侧差距。布洛克及其同事（2015）的研究和其他相关研究（Bullock & Lenz, 2019; McGrath, 2017）表明，如果可以否认某些支持对方立场的事实来激怒对方，并且这一行为不用付出什么代价，有人会这样去做。但这种否认代表了"对己方的支持"，而不是真的发生了误解或认知错误。

表达行为通常源自在第一章中讨论的受保护的或神圣的价值观——这些价值观抵制与其他对立价值观，尤其是经济方面价值观的权衡（Baron & Spranca, 1997; Tetlock, 2003）。道格拉斯·梅丁和马克斯·巴泽曼（Douglas Medin & Max Bazerman, 1999; 另见 Medin, Schwartz, Blok, & Birnbaum, 1999）讨论了一些实验，在这些实验中，当受保护的价值受到威胁时，被试不愿意接受相关物品的交易或比较。例如，人们不希望把他们的宠物狗或结婚戒指投入市场交易。

因此，任何证据都不会轻易改变对受保护价值的信念。与神圣价值相关的新信息将遭受巨大的我侧偏差——支持性的证据很容易被同化到现有的信念体系中，而否定性的证据则受到严格的批判审查。所有这些都不应被视为非理性的，至少在没有成本效益分析的情况下是如此，这种分析承认表达行为可能带来的益处。

理性的我侧偏差与交流的公地悲剧

在讨论我侧偏差的规范性和适当性时,我们似乎来到了一个意想不到的转折点。只有当推理者拥有预先设定的数值似然比时,使用先验概率来评估新证据才是不规范的。而当推理者必须做出可信度评估时,使用数据与先验期望之间的差距作为可信度评估的一部分并**不**总是不规范的。

也许在先验概率是基于证据的情况下,上述结论并不那么令人惊讶。然而,在此讨论之前,我们可能会想,一个并非来自证据,而是来自远端信念或世界观的先验肯定不应该投射到新的证据上。然而,我们还没有看到完全排除这一点的论述,特别是当我们不再将分析局限于认知理性,而是引入工具理性和表达理性的问题时。我们的直觉认为,类似于有关启发式和偏差的文献中许许多多的其他推理错误那样,我侧偏差也是一种认知错误,但这种直觉似乎是没有根据的。

回想一下,在有关启发式和偏差的文献中,一个很常见的说法是,一个特定的偏差或启发式在总体上是有用的——它有着清晰的进化原因,因此才确实保留在大脑中,但启发式发展所处的进化环境和现代环境之间偶尔的不匹配会使得人们有时容易犯错(Kahneman, 2011; Li, van Vugt & Colarelli, 2018; Stanovich, 2004)。也许这段论述对于我侧偏差而言不太正确,特别是当我们谈论我侧偏差对个人而不是社会的负面影响时。也许我侧偏差是一种奇怪的偏差（我将在第三章更深入地讨论这一点），因为它的大多数负面影响都落在别人身上，而不是我们自己身上。社会似乎承受着我侧偏差带来的负面后果，尽管人们并不完全清楚自己的行为造成了这些后果。法学教授丹·卡亨曾探讨过这个观点。

本节标题中的短语"交流的公地悲剧"使用了卡亨（2013; Kahan, Peters et al., 2012; Kahan et al., 2017）的短语来称呼这个难题。在这个难题所描述的社会中，每个人都理性地使用我侧偏差来加工证据进而获得效用，但最终他们的损失会大于收益，因为如果公共政策是客观、基于现实情况的，那么社会总体上会更好。当每个人都带着我侧偏差加工信息时，结果却是一个无法趋同于真实情形的社会。

卡亨及其同事的短语来源于加勒特·哈丁（Garrett Hardin, 1968）著名的"公地悲剧"（tragedy of the commons）论述，该论述本身源于备受研究的囚徒困境范式（Colman, 1995, 2003; Komorita & Parks, 1994）。在囚徒困境这一经典博弈论中，两个罪犯共同犯罪，并被隔离在不同牢房里。检察官有两人共同轻微犯罪的证据，但没有足够的证据证明两人共同的重大罪行。每个囚犯都被独立地要求供认主要罪行。如果一方认罪，另一方不认罪，那么认罪者将被释放，而另一方将因重大罪行被处以20年的全额刑罚。如果两人都认罪,两人都被定罪并被判处10年徒刑。如果两人都不认罪,他们都被判犯有轻罪,都被判处2年徒刑。

两个罪犯都注意到了占优策略,即无论对方做什么,他们最好的选择都是坦白。因此,两个人都做了狭隘理性的事情并坦白了(背叛反应),结果两人都被判犯有重大罪行并被判处10年徒刑——这比他们都不承认(合作反应)并都被判2年徒刑的结果要糟糕得多。一般情况来说,从个体角度来看,背叛反应优于合作反应,但如果双方都做出个体理性反应,双方的回报都很低。这种情况的多人版本被称为公地悲剧(Hardin, 1968),并且有着类似的逻辑。污染控制、人口控制和对抗全球变暖等集体行动问题就是这种逻辑的例证。

卡亨及其同事(Kahan, 2013; Kahan et al., 2017)认为同样的逻辑也适用于相关公共政策信息的传播领域,并称为"科学交流的公地悲剧"。我们在本章中回顾的分析证明了使用已有信念来帮助评估新证据是个体理性的(Koehler, 1993),支持了个体在解释新数据的意义时使用自己的观点这一自然倾向(Jern, Chang & Kemp, 2014),也证实了个体的认知活动部分地由个体更大的工具性目标所决定也是合理的。最后,这些分析证实了在更新和表达信念时考虑有意义的群体亲和力也是合理的。然而,所有这些合乎规范、适当的个人认知行为,却导致了一个难以驾驭、政治分裂、无法就真相达成一致的社会(Clark

& Winegard, 2020; Kahan, 2012; Kronman, 2019; Lukianoff & Haidt, 2018; Pinker, 2002），这个社会甚至不能就许多公共政策问题的最基本的事实达成一致[9]。正如查尔斯·泰伯、邓肯·卡恩和西蒙娜·库索瓦（Charles Taber, Duncan Cann & Simona Kucsova, 2009, p.138）哀叹的那样："如果社会连面对共同的信息流时都会两极分化，那么很难想象思想市场会成为政策差异的有效仲裁者。"

在这本书中，我不会为这种公地悲剧提供简单的解决方案。如果规范性分析指出我侧偏差是一种明显不合理的加工倾向——在个体层面上是次优的——那么问题会简单得多。因为这样的话，我们就有了实施教育项目来消除人们的偏差的理由。即使像大多数偏差一样，我侧偏差作为一种加工倾向在某些情况下是合适的，而在另一些情况下不是合适的，问题也会更容易，因为这样的话，我们可以教人们哪些情况应该被视为我侧处理的危险信号。

相反，我侧偏差似乎伤害了我们，但更多的是在社会层面而不是个人层面。在后面的章节中，我有一些系统性的建议来补救公地悲剧。然而，在概述建议之前，我阐述了我侧偏差是如何成为一种异常偏差的——与有关启发式和偏差的文献中的其他偏差非常不同。

注 释

1. 我将在这里重复前一章中的警告，即在认知科学中，"规范"（normative）意味着根据完美理性模型的最优表现，而不是"常态"（norm）或最常见的反应的意思。

2. 为了辨析，在本书的其余部分，术语"知识投射"及其同义词短语"投射先验概率"，均被用来表示使用先验知识来构建对新信息的解释（Cook & Lewandowsky, 2016; Gershman, 2019; Jern, Chang & Kemp, 2014）和 / 或使用新数据和先验概率之间的差距来帮助确定信息源的可信度（Druckman & McGrath, 2019; Gentzkow & Shapiro, 2006; Hahn & Harris, 2014; Koehler, 1993; Tappin, Pennycook & Rand, 2020）。

3. 此处有一个重要的警示：表 1.1 中列出的各种我侧偏差范式在投射先验被规范化认可的程度上有所不同。例如，证据评估范式可能是最受凯勒（Koehler, 1993）以及哈恩和哈里斯（Hahn & Harris, 2014）的论点影响的情况，即知识预测在评估来源可信度方面是合理的。然而，正如同迪托及其同事（2019b）指出的那样，在一些范式中，我侧偏差只不过是对内群体的偏袒。迪托及其同事（2019b）指出，有研究表明，竞选中的肮脏伎俩如果出自被试自己的政党，就会被认为不那么令人反感。也有研究表明，有争议的选票会被判定为有利于被试政党候选人的方向。这里，问题不在于认知理性，而是工具价值之间的权衡（在本章后面会有讨论），例如，支持自己所在的群体及其政治的工具价值，与支持社会中公平程序待遇的工具价值之间的权衡。

4. 本·塔平、戈登·彭尼库克和戴维·兰德（Ben Tappin, Gordon Pennycook & David Rand, 2020；另见 Tappin & Gadsby, 2019）对寻找政治动机性认知的加工轨迹所涉及的方法论困难进行了细致的讨论，具体来说，它是否直接改变了对似然比的评估，或者它是否通过操纵先验概率而间接改变了对似然比的评估。丹·卡亨（2016）探讨了区分这两个位点在理论和实践上的重要性，并对所涉及的方法论困难进行了自己的探索。直接操纵似然比的政治动机性推理显然是非规范性的。塔平、彭尼库克和兰德（2020）总结了本章中的一些论点，指出作用于先验的动机性政治推理事实上与贝叶斯主义是一致的（也就是说，在凯勒的证明 B 的意义上，它是规范的）。然而，正如卡亨（2016）所指出的，这一种类型的推理，虽然与贝叶斯推理一致，但却不是收敛到事实的，用我在本章中使用的术语来说，它不是全局理性的。因此，从规范性的视角来看，这种形式的政治动机性推理只在非常有限的意义上是理性的。

5. 我在这里使用"选择"这个词，并不是说这些论点只在假设被**有意识地**形成时成立。在本节中，我将描述一些这样的例子：人们似乎有意识地在他们从证据中了解到的假设和他们更希望为真的假设之间进行选择。然而，在大多数情况下，人们不会意识到自己是以这种方式得出先验概率的。导致得出这个特定先验概率的推理行为对大多数人来说是无意识的，他们也不会意识到自己选择了个人偏好的假设而非证据支持的假设，反之亦然。后续的论点都不是基于对依据证据的知识投射和个人偏好的假设的投射之间冲突程度的有意识认识。

6. 如果有人担心远端信念并不总是世界观，那么可以用"外围信念"（peripheral beliefs，往往是可验的）和核心信念（core beliefs，往往是不可验的，因为它们是坚信）来替代。

7. 这些复杂性在关于证词证据、信息源可信度、信任和杰弗里条件化（Jeffrey conditionalization）的贝叶斯文献中有所涉及，这超出了我们的讨论范围（见 Bovens & Hartmann, 2003; Gentzkow & Shapiro, 2006; Hahn & Harris, 2014; Howson & Urbach, 1993; Jeffrey, 1983, chapter 11; Kim, Park & Young, 2020; O'Connor & Weatherall, 2018; Schum, 1994; Schwan & Stern, 2017; Talbott, 2016; Tappin, Pennycook & Rand, 2020）。这些文献中充满了优雅的形式分析，但许多都有一个相似的主题：当你自己的假设有一定程度的准确性

时，使用你的先验信念和新数据之间的差异来评估新证据来源的可信度是有意义的。使用你的先验信念和不同研究者的先验信念之间的差异来评估来自该研究者的新证据的可信度也是有意义的（见 O'Connor & Weatherall, 2018）。然而，这些规范性做法会导致我侧偏差和信念极化。

8. 凯勒（1993）和耶恩、张和肯普（2014）的分析指出了"大理性辩论"（Stanovich, 2011）中过度乐观派立场的一些弱点，与我在 1999 年的书《谁是理性的？》（*Who Is Rational?*）中的讨论有相似之处。凯勒对先验信念的起源没有任何限制，耶恩、张和肯普对主体用于分析证据的不同框架没有任何限制。在这两种情况下，为了保持局部理性，无论被试对问题提出什么样的解释都是被接受的，但通过使用这种宽容的策略，他们只是将更大的问题推向了另一个分析水平（"为什么主体有这种不寻常的解释"），而更大的问题仍然完全没有被触及。这就是为什么我称这种策略为过度乐观主义的得不偿失的胜利（Stanovich, 1999）。当替代性任务解释的想法被用来将推理能力与非理性的指控隔离开来时，它通常只是简单地把非理性转移到了问题表征的阶段，非理性并没有被消除——它只是被转移到了不同的认知操作中。许多过度乐观主义者必须捍卫的解释比他们试图原谅的错误更令人尴尬，因为这些解释"如此有倾向性，以至于将关于反应逻辑的谜题原封不动地转移到了更早的阶段"（Margolis, 1987, p.20）。

9. 最近，许多评论家认为，同样的公地困境现在围绕着我们社会中社交媒体和互联网的使用。正如硅谷企业家罗杰·麦克纳米（Roger McNamee, 2019, p.163）所指出的："大多数用户真的很喜欢脸谱网，他们真的很喜欢谷歌。没有其他方法来解释这些网站每天有如此大量的用户。很少有人意识到一个黑暗面：脸谱网和谷歌可能对他们有利，但对社会不利。"

第三章

我侧思考：异常偏差

当理查德·韦斯特和我在20世纪90年代开始研究认知偏差中的个体差异时，我们在早期研究中最初达成一致的结果之一是，这些偏差往往相互关联（Stanovich & West, 1997, 1998a, 1998b; Sá, West & Stanovich, 1999）。这种相关性通常较弱，但它们来自仅用几个条目衡量的任务，因此本身可靠性较低。我们在早期研究中观察到的另一个共同现象是，几乎每一种认知偏差都与智力相关，这是用各种认知能力指标衡量的。大多数认知偏差的个体差异也可以通过几个经过充分研究的思维倾向来预测，最显著的是通过积极开放的思维（actively open-minded thinking, AOT）量表，这是一个受乔纳森·巴伦（Jonathan Baron, 1985, 1988）工作启发，随后由我们实验室首次开发的思维倾向量表（Stanovich & West, 1997, 2007; Stanovich & Toplak, 2019）。

　　克服各种认知偏差的倾向与在认知能力和思维倾向上的个体差异有关——关于这一点的早期推论禁受住了时间的考验。20多年来，我们在实验室中反复观察到这一趋势（参见Stanovich, West & Toplak, 2016中的证据综述），并在其他研究人员进行的许多研究中也得到复现（Aczel et al., 2015; Bruine de Bruin, Parker & Fischhoff, 2007; Finucane & Gullion, 2010; Klaczynski, 2014; Parker & Fischhoff, 2005; Parker et al., 2018; Viator et al., 2020; Weaver & Stewart, 2012; Weller et al., 2018）。这一发现对在启发式和偏差传统中被研究最多的一些偏差都成立（Kahneman, 2011; Tversky & Kahneman, 1974），它们包括：锚定偏差（anchoring bias）、框架偏差（framing bias）、后见之明偏差（hindsight bias）、过度自信偏差（overconfidence bias）、结果偏差（outcome bias）、合取谬误（conjunction fallacy）、代表性错误（representativeness errors）、赌徒谬误（the gambler's fallacy）、概率匹配（probability matching）、基线比率忽略（base-rate neglect）、样本量忽略（sample-size neglect）、比率偏差（ratio bias）、共变检验错误（covariation detection errors）、伪诊断效应（pseudo-diagnosticity effects）等。

　　为了说明这些关系的性质，我将从我们为了检验"理性思维综合评估"（Comprehensive Assessment of Rational Thinking, CART, Stanovich, West & Toplak 2016, 第13章）的结构而进行

的最大规模的研究中举一些例子。CART包含20个子测试，用来测量避免那些广受认知心理学家研究的多种偏差的能力。例如，避免框架效应的能力与认知能力相关（r = 0.28），以及避免过度自信偏差的能力与认知能力相关（r = 0.38）。CART的概率推理子测试评估了避免多种偏差和处理错误的能力（例如，赌徒谬误、合取谬误、基线比率忽略、样本量忽略）。该子测试显示出与认知能力的相关性（r = 0.51）。事实上，CART中所有检查认知偏差的子测试都表现出与认知能力的显著相关。

毫无疑问，基于之前的工作，我们可以明确地预期：任何新研究的认知偏差都将同样地显示出与个体差异变量的相关性。这一系列之前的工作衬托出关于我侧偏差的个体差异预测因素的惊人发现。真正令人惊讶的是，根本**没有多少**个体差异变量能预测我侧偏差！

奇怪的现象：智力和教育不能预防我侧偏差

几年前，戴维·珀金斯、迈克尔·法拉迪和芭芭拉·布希（David Perkins, Michael Farady & Barbara Bushey, 1991）报告了一个有趣的发现，尽管智力与观点生成任务中产生的想法**总数**有一定相关性，但智力却与被试生成的与自身立场**相反**的论点数量**无关**。珀金斯、法拉迪和布希（1991）的发现沉寂了许多年，直到最近的一系列研究表明它是可复制和可推广的。

玛吉·托普拉克和我（Toplak & Stanovich, 2003）采用了与珀金斯、法拉迪和布希（1991）类似的研究范式，让被试生成关于争议性问题（如是否应该允许人们出售器官）的论点。我们发现虽然被试在任务中表现出明显的我侧偏差（人们倾向于给出更多支持他们立场的论点而不是反对的论点），但我侧偏差的程度与认知能力无关。罗宾·麦克弗森和我（Robyn Macpherson & Stanovich, 2007）在观点生成任务中复现了认知能力与我侧效应不相关的主要发现，并且在采用实验评估任务的研究中也得到了同样的结果。

在第一章描述的"福特探险者"范式中，理查德·韦斯特和我发现，我侧偏差强度和智力之间几乎没有任何关联。在第一章中，我提到了我自己的研究小组（Stanovich & West, 2008a）使用的论点评估范式，其中观察到强烈的我侧偏差。也就是说，被试会认为与自己立场一致的论点比与自己立场不一致的论点更好。然而，低智商个体相对高智商个体并未表现出更强的我侧偏差。

在一系列实验中，保罗·克拉琴斯基及其同事（Klaczynski, 1997; Klaczynski & Lavallee, 2005; Klaczynski & Robinson, 2000）向被试展示了有缺陷的假设实验和论点，这些实验和论点分别导向与被试观点一致或不一致的结论。研究者评估了被试在批判实验缺陷时所使用的推理的质量。克拉琴斯基及其同事发现，在观点一致和观点不一致的条件下，语言能力均与推理的整体质量有关。然而，语言能力与我侧偏差的强弱无关（这里我侧偏差表现为，比起与自己观点一致的实验结果，被试倾向于更严厉地批评与自己观点不一致的实验结果）。

智力和我侧推理之间的独立性在更加自然主义的推理范式中也有发现，在这种推理范式中，被试不会看到关于任务性质的线索，也不会看到关于实验中存在的评估成分的指示。例如，理查德·韦斯特和我基于一个人的社会和人口学条件，研究了各种有偏差的信念（Stanovich & West, 2007, 2008a）。在这种范式中，被试只需同意或不同意把一个事实标记成积极或消极。在我们的两项研究中，被试明显表现出了我侧偏差：吸烟者不太可能承认二手烟对健康的负面影响，信奉宗教的人更有可能认为信教的人比不信教的人更诚实，投票给乔治·布什（George Bush）的人比投票给约翰·克里（John Kerry）的人更有可能认为入侵伊拉克让我们更安全而免受恐怖分子攻击，等等。然而，我们不仅研究了这些偏差是否存在，还研究了智力是否有助于削弱它们。结果是明确的。我们检验了15种不同的我侧偏差（Stanovich & West, 2008a），但这些偏差没有一个会被智力削弱。

智力不能削弱我侧偏差这一现象也可以推广到与智力高度

相关的变量，如计算、科学素养和常识。例如，凯特琳·德拉蒙德和巴鲁克·菲施霍夫（Caitlin Drummond & Baruch Fischhoff, 2019）测试了支持或批评《平价医疗法案》（Affordable Care Act, ACA）的被试。他们的个体差异变量不是智力，而是他们的科学推理技能的测量结果。被试阅读并评估了一项发现ACA积极影响的研究介绍，以及另一项显示其负面影响的研究介绍。考虑到我们迄今为止看过的此类研究的数量，毫不奇怪，研究者同样观察到了我侧偏差效应。但是，正如克拉琴斯基的研究和我们自己的工作那样，德拉蒙德和菲施霍夫（2019）发现，他们测得的科学推理技能的水平与我侧偏差的程度无关。事实上，他们进行了几项研究，其中一些研究发现了一种轻微的趋势，即科学推理技能水平**较高**的人会比水平较低的人表现出更强的我侧偏差效应。这一违反直觉的发现偶尔出现在我侧偏差相关的文献中[1]，其中最有代表性的就是丹·卡亨及其同事（2013; Kahan, Peters et al., 2012; Kahan et al., 2017）的研究。

丹·卡亨、埃伦·彼得斯和他们的同事（Kanhan, Peters et al., 2012）发现，左派被试比右派被试认为气候变化对健康和安全构成的风险更大，这毫不奇怪。[2]令人惊讶的是，相对于估算能力水平较低的被试，这一差异在估算能力水平较高的被试中更大。人们普遍认为（按照第二章讨论的简化贝叶斯思维），更高的智力、数学技能和知识会让人们对事实的看法趋向一致，但在卡亨、彼得斯和他们的同事（2012）的研究中情况并非如此。事实上，较高的计算能力与更高的群体极化之间存在关联。

卡亨（2013）使用一种更直接的测量我侧偏差的范式——认知反应测试（Cognitive Reflection Test, CRT; Frederick, 2005），再次发现了基于不同个体差异指标的信念极化现象。CRT在心理测量学上是复杂的，涉及思维倾向、计算能力以及认知能力（参见Liberali et al., 2012; Sinayev & Peters, 2015; Toplak, West & Stanovich, 2011, 2014a），但这只是让卡亨（2013）的发现更加迷人。卡亨（2013）测量我侧偏差的方法是对比当指标产生与他们的信念一致或不一致的结果时，被试认可指标有效性的倾向。结果发现，CRT得分较高的被试在统计学层面表现出了更强的我侧偏差程度。

卡亨及其同事（2017）使用第一章讨论的2×2共变检测范式观察到了同样的结果，这涉及了非常直接的数字信息处理。他们实验中的两极问题是枪支管制，被试样本一半赞成一半反对。在这个实验中，个体差异变量是估算能力。两种立场的被试对枪支管控数据的评估准确度都不如对中性主题数据（皮疹新药的疗效）的评估准确度，但更高的估算能力在两种立场的被试中都对应着**更强**的我侧偏差。

第一章讨论的范博文及其同事（Van Boven et al., 2019）的研究为这一趋势提供了进一步的例证。在他们的研究中，被试必须判断两种条件概率（击中率或逆条件概率）在评估以下两个政治问题的数据时哪一个相关性最强：特朗普政府对来自七个国家的人的旅行和移民的禁令，以及攻击性武器禁令。尽管这两个问题的逻辑相似，但被试为这两个问题选择了完全不同的条件概率，因为他们往往站在相反的立场。也就是说，在一个问题上支持禁令的被试在另一个问题上反对禁令。事实上，那些估算能力更强的被试的我侧偏差更强。显然，人们在利用他们卓越的数字推理技能时，并不是在不同的条件下以无偏差的方式进行推理，而是会找出哪种概率看起来更有利于他们的立场。

与卡亨（2013）和范博文及其同事（2017）的研究结果一致的是，一些政治学研究表明，各种认知成熟度（cognitive sophistication）指标，如教育水平、知识水平和政治意识，不仅不会减弱党派我侧偏差，反而往往会增加党派我侧偏差。比如，马克·乔斯林和唐纳德·海德-马克尔（Mark Joslyn & Donald Haider-Markel, 2014）发现，教育水平较高的党派人士在政策相关事实上的分歧要大于教育水平较低的党派人士。举两个例子，民主党被试更准确地了解到地球因人类活动而变暖的事实，但共和党被试（在研究进行时）更了解乔治·布什总统在2006—2007年向伊拉克增兵成功减少了美军伤亡的事实。人们可能会认为，在受教育程度较高的被试中，这些差异会较小。相反，在这两个问题上，受教育程度较高的被试中的党派分歧最大。

乔斯林和海德-马克尔（2014）观察到的趋势在其他关于党派态度的研究中也得到了发现。菲利普·琼斯（Philip Jones, 2019）发现，在更了解现状和有更强政治意识的党派受访者中，他们对经济状况等政策相关条件的政治看法更加两极分化。认知成熟度的多种衡量标准显示，认知精英在各种政治问题上表现出更多的两极分化（Drummond & Fischhoff, 2017; Ehret, Sparks & Sherman, 2017; Hamilton, 2011; Henry & Napier, 2017; Kahan & Stanovich, 2016; Kraft, Lodge & Taber, 2015; Lupia et al., 2007; Sarathchandra et al., 2018; Yudkin, Hawkins & Dixon, 2019）。

这些政治学调查结果并不是对我侧偏差的直接测量，它们涉及许多其他的复杂内容。政治两极分化远不是我们在第一章中回顾的我侧偏差处理倾向的纯粹衡量标准。我在这里提到这些文献是因为政治调查研究结果和我测偏差的实验室发现之间有趣的趋同。在本章中，我希望引起大家注意的一个共同点——我们可以称之为一个**弱**结论，即智力和其他相关方式测得的认知成熟度并不能使推理者避免我侧偏差。卡亨和许多政治学研究者得出的**强有力**结论——认知精英实际上可能表现出更强的我侧偏差——对我的论点来说并不是必要的。因此，我更愿意将这些研究仅仅视为增强了对较弱结论的信心：我们不能将教育或智力视为摆脱第二章讨论的交流的公地悲剧的途径。

总而言之，控制良好的我侧偏差实验室研究，与政治学调查研究和民意测验数据趋同，表明智力和教育根本不能预防我侧偏差。正如同彼得·迪托及其同事（Ditto et al., 2019b, p.312）指出的，"如果偏差并非仅属于头脑简单的人呢？……越来越多的研究表明，更高的认知成熟水平和更多的专业知识往往预示着更大程度的政治我侧偏差，而非更小程度……认知成熟水平可能会让人们更有技巧地为自己喜欢的结论辩护，从而提高他们说服他人——和自己——自己的信念是正确的能力"。

我侧偏差与思维倾向

从个体差异的角度来看，我侧偏差还表现出其他奇怪的倾向。文献中的大多数其他偏差不仅与智力相关，还与有关理性思维的思维倾向相关，这些思维倾向包括积极开放的思维和认知需求等（Bruine de Bruin, Parker & Fischhoff, 2007; Finucane & Gullion, 2010; Kokis et al., 2002; Macpherson & Stanovich, 2007; Parker & Fischhoff, 2005; Stanovich & West, 1997, 1998a; Toplak et al., 2007; Toplak & Stanovich, 2002; Toplak, West & Stanovich, 2011, 2014a, 2014b; Viator et al., 2020; Weller et al., 2018）。

我们可以再次转向CART中的一些例子（见Stanovich, West & Toplak, 2016，第13章），其中包含20个衡量避免许多重要认知偏差的能力的子测试。例如，避免框架效应的能力与积极开放的思维相关（r = 0.20），避免过度自信偏差的能力与积极开放的思维相关（r = 0.29）。CART的概率推理子测试衡量避免多种偏差和处理错误的能力，显示出与积极开放思维的显著相关性（r = 0.43）。类似地，CART中所有检查认知偏差的子测试都显示出与思维倾向的显著相关性。

尽管这些一致的发现几乎涉及所有其他认知偏差，但我侧偏差未能与类似的思维倾向相关，就像它未能与智力相关一样（Kahan, 2013; Kahan & Corbin, 2016; Kahan et al., 2017; Stanovich & West, 2007; Stenhouse et al., 2018）[3]。例如，在我们使用珀金斯（1985）的论点生成范式（Toplak & Stanovich, 2003）的研究中，我们发现在几个问题上存在大量我侧偏差（被试倾向于给出更多支持而不是反对他们立场的论点），但我侧偏差的程度与几种思维倾向无关，包括积极开放的思维、教条主义和认知需求。在罗宾·麦克弗森和我（2007）的研究中，我们检查了论点生成和证据评估中的我侧偏差，并测量了三种不同的思维倾向：积极开放的思维、认知需求和避免迷信思维。六个相关性结果都没有表明更复杂的思维与避免我侧偏差显著相关。

在我们的一项自然主义我侧偏差的研究（Stanovich & West, 2007）中也发现了这种缺乏与思维倾向的联系的结果。这项研究使用了四个状态变量（饮酒、吸烟、宗教信仰、性别）。我侧偏差的信念存于所有变量中：吸烟者不太可能承认二手烟对健康的负面影响；被试饮酒越多，他们就越不可能承认饮酒对健康的风险；对宗教信仰更虔诚的人比没那么虔诚人更有可能认为宗教信仰导向诚实；女性比男性更有可能认为女性得到了不公平的报酬（效应量：0.35～0.67）。我们考察了所有四个状态变量中的两个不同的个体差异变量（积极开放的思维和认知需求），并通过两种不同的方式（二分法和回归分析）分析了思维倾向与状态变量的交互作用。在16种不同的分析中（4种状态变量×2种思维倾向×2种分析方法），只有三种分析结果存在显著的交互作用。这些交互作用符合预期，但相当小（仅解释了大约1%的方差），并且主要是因为样本量大（超过1000名被试）而显著。

的确，我们偶尔会发现积极开放的思维和规避我侧偏差之间的相关性，但它们通常很微弱，并且只有在大样本量的研究中才显著。例如，在我们的论点评估范式（Stanovich & West, 2008a）中，被试对论点的评级与他们自己在两个问题（堕胎和降低饮酒年龄）上的立场一致。我侧偏差与智力或认知需求无关，但它确实显示出与积极开放的思维的弱相关性（在两个问题上相关系数分别是−0.17和−0.13），不过这些相关性可能是因为大样本量（超过400名被试）而显著的。

最后，即使是似乎与避免我侧偏差最直接相关的人格倾向也无法与之相关联。例如，伊丽莎白·西马斯、斯科特·克利福德和贾斯廷·柯克兰（Elizabeth Simas, Scott Clifford & Justin Kirkland, 2019）认为，缺乏共情似乎是政治两极分化、党派偏差和意识形态冲突发展的关键机制。然而，在两项研究中，他们发现共情关注（empathic concern）的差异并不能预测评估争议性公共事件时党派偏差的水平，强共情关注也不会减弱党派之间情绪极化的程度。西马斯、克利福德和柯克兰（2019）对他们的发现进行了解释，他们假设共情本身就会对一个人的内群体产生偏差，因此共情不是对抗我侧偏差的良药。

信念偏差而非我侧偏差与认知能力相关

如果你了解我们实验室之前的研究工作，你可能会对我侧偏差与个体差异变量缺乏相关性感到惊讶，他们可能会想："我确实记得一些研究——可以追溯到20世纪90年代斯坦诺维奇和韦斯特的早期研究，这些研究发现智力和思维倾向与信念偏差是存在相关性的。"这种想法没错，但这里值得重申的是，我侧偏差和信念偏差不是一回事（参见第一章的讨论）。事实上，通过观察两种偏差表现出的相关性，这种差异得到了强化。

当现实世界的知识干扰推理表现时，就会出现信念偏差。它最常用三段论推理任务来评估（在三段论推理任务中，结论的可信度与逻辑有效性冲突），但也可以使用其他任务来评估（Thompson & Evans, 2012）。最重要的是，信念偏差任务使用的是可验信念。相对地，当人们以偏向自己观点或信念的方式生成和评估证据时，他们会表现出我侧偏差。当有问题的信念从可验信念变成远端信念，即当它变成坚信时，偏差就从信念偏差变成了我侧偏差。[4]

重要的是，信念偏差和大多数其他认知偏差一样，与相同的个体差异变量表现出了切实的显著相关性，而同样的个体差异变量却**无法**预测我侧偏差程度。在我们最早的研究中，我们观察到智力和避免信念偏差的相关性在0.35～0.50（Sá, West & Stanovich, 1999; Stanovich & West, 1998a）。多年来，尽管智力测量因研究而异，但我们持续观察到0.35～0.50之间的相关性（Macpherson & Stanovich, 2007; Stanovich & West, 2008a）。在儿童发展研究中，我们得到了0.30到0.45的相关性（Kokis et al., 2002; Toplak, West & Stanovich, 2014b）。在我们讨论CART的书（Stanovich, West & Toplak 2016, 表7.3）中，我们展示了在关于这个问题的近20年的研究工作中发现的信念偏差与各种智力测量之间的21个相关系数。21个相关系数的中位数为0.42，其中有19个在0.30～0.50。其他研究实验室也把信念偏差与认知能力差异联系起来（De Neys, 2006, 2012; Ding et al., 2020; Gilinsky & Judd, 1994; Handley et al., 2004; Newstead et al., 2004）。

关于思维倾向和信念偏差效应的相关性，情况大致相同，只是这些相关性更低一些（但几乎总是具有统计学意义）。在我们最早的研究中，我们观察到思维倾向和避免信念偏差的相关性在0.25～0.35（Sá, West & Stanovich, 1999; Stanovich & West, 1998a）。多年来，思维倾向的衡量标准因研究而异，但我们持续观察到0.20～0.30其和避免信念偏差的相关性（Macpherson & Stanovich, 2007; Stanovich & West, 2008a）。在儿童发展研究中，我们获得了同样在0.20～0.30的相关性（Kokis et al., 2002; Toplak, West & Stanovich, 2014b）。在我们的书（Stanovich, West & Toplak, 2016）中第7章的表7.4中，我们展示了信念偏差和各种思维倾向之间的26个相关性。26个相关系数中的中位数为0.24，其中有19个在0.15～0.35。

简而言之，被试所表现出的信念偏差的程度，就像文献中几乎所有其他偏差（见上文引文）一样，都是可以用被试的认知能力和理性思维倾向来预测的。相比之下，我侧偏差——当干扰的信念是一种坚信（远端信念）而非可验信念时——并不像文献中所有其他偏差那样，可以从相同的心理变量中预测出来。就个体差异而言，这是一种奇特的自由浮动的偏差，似乎与个人特征无关。

我侧偏差很难被判定为非规范性的

虽然智力等强有力的个体差异变量未能与避免我侧偏差相关联，这一事实乍看起来可能令人困惑，但实际上与第二章中的分析相当一致，也就是说，很难说我侧偏差是非规范性的。在几十年前发表的一篇论文中，理查德·韦斯特和我（Stanovich & West, 2000）认为，个体差异发现可以用来帮助裁定有关启发式和偏差的文献中的规范性争议——特别是在研究者支持将替代反应作为规范的情况下。

我们（Stanovich and West, 2000）认为，个体差异相关性的方向性至少可以对表明哪种反应是规范的有一定的证明价值。我们认为查尔斯·斯皮尔曼（Charles Spearman, 1904, 1927）的正向复写（positive manifold）可以作为一种裁定手段。对于文献中的许多经典任务，我们证明了：特沃斯基和卡尼曼（Tversky & Kahneman, 1974; Kahneman & Tversky, 1973; Kahneman, 2011）的规范性的传统反应与智力正相关，而启发式和偏差传统的批评者所支持的反应与智力呈负相关。我们指出，对于主张另一种规范性反应的批评者来说，与智力的相关性的方向令人尴尬。当然，我们希望避免得出这样的结论，即拥有更强估算能力的个体正在系统地估算非规范性反应。在已有100多年的历史和数千项研究的心理测量领域，这一结果绝对将是该领域中的首次发现。这将意味着斯皮尔曼认知任务的**正向复写**——100年来几乎没有受到置疑——最终被打破了。

从本质上讲，我们的论点是，保持正向复写的反应至少在统计上更有可能是更优的反应。[5] 反之，鉴于正向复写是认知任务中规范性的标准，传统上被认为是规范性的反应和标准认知能力测量之间如果出现负相关或零相关，可能被视为一个信号，即我们正在应用错误的规范性模型或者存在同样合适的替代模型。

事实上，我们已经在有关启发式和偏差的文献中观察到了后一种情况（Stanovich, 1999; Stanovich & West, 1998a）。例如，一些非因果性的基础概率问题与认知能力无关，社会心理学中的虚假共识效应（false consensus effect）也是如此（Ross, Greene & House, 1977）。事实上，有独立的理由认为错误的规范模型被应用于虚假共识效应（Dawes, 1989, 1990; Hoch, 1987），因此，在这种情况下，个体差异相关性与理论分析趋同。关于我侧偏差，似乎也发生了类似的事情。第二章的分析表明，将任务中显示的任何程度的我侧偏差视为非规范性或非理性是错误的。在本章中，我们看到个体差异分析与这一结论趋同，表明认知能力或思维倾向和我侧偏差的程度之间没有相关性。

我侧偏差程度的差异性

我侧偏差作为偏差异常的另一方面是，在大多数情况下，它几乎没有表现出领域普遍性，而且似乎非常依赖内容。在一个问题上表现出高度我侧偏差的人，在另一个不相关的问题上不一定会表现出高度我侧偏差。这在玛吉·托普拉克和我（Toplak & Stanovich, 2003）的研究中很明显。研究中的被试在就以下三个问题表达观点时表现出了很大的我侧偏差：学生是否应该支付大学教育的全部费用，是否应该允许人们出售自己的器官，以及汽油价格是否应该翻倍以减少人们驾驶出行。然而，纵观各个问题，在一个问题上显示的我侧偏差程度与在另一个问题上显示的我侧偏差程度之间没有显著的相关性。这些结果不同于其他偏差的研究结果，例如在框架效应研究中，我们和其他研究者在十几个不同的项目上获得了0.60～0.70的内部一致性信度（Bruine de Bruin, Parker & Fischhoff, 2007; Stanovich, West & Toplak, 2016）。事实上，文献中的大多数偏差都有相当程度的领域普遍性（Bruine de Bruin, Parker & Fischhoff, 2007; Dentakos et al., 2019; Parker et al., 2018; Stanovich & West,

1998a; Stanovich, West & Toplak 2016; Weaver & Stewart, 2012; Weller et al., 2018），但我侧偏差却**没有**。

玛吉·托普拉克和我（Toplak and Stanovich, 2003）发现，在该研究检验的三个问题中，个体差异变量（包括认知能力和思维倾向）无法预测被试在其中任何一个问题上展现的我侧偏差。然而，在该研究中，有一种不同类型的变量能够始终一致地预测我侧偏差的程度。这一变量就是被试在特定问题上的观点强度（strength of opinion）。观点强度在被编码时独立于对问题的同意与否。因此，对问题强烈反对或强烈同意的被试得分为3分，对命题中度反对或中度同意的被试得分为2分，对命题稍微反对或稍微同意的被试得分为1分。在我们（Toplak & Stanovich, 2003）研究考察的三个问题中，观点强度这一变量与我侧偏差均呈正相关。

我们的后续研究（Stanovich & West, 2008a）采用了观点评估范式，有更大的样本量并且包含了对观点强度这一变量的更彻底的评估。如上所述，智力在两个实验中并不能预测我侧偏差。被广泛研究的思维倾向，即认知需求也没有与我侧偏差程度相关。然而，在研究中，积极开放的思维与在堕胎命题和降低饮酒年龄命题中显示的我侧偏差程度分别表现出了-0.17和-0.13的相关性。与托普拉克和斯坦诺维奇（2003）研究中的情况不同，这两个命题中的我侧偏差确实显示出显著的（0.21）

相关性。然而，在这两个问题上，观点强度和方向比所有个体差异变量的总和更能解释我侧偏差的方差。

我们可以在表3.1中更详细地看到观点强度的影响。表格上半部分显示了堕胎问题的平均我侧偏差，作为被试对先前意见问题的反应的函数。表格显示了一个倾斜的U形函数，在支持选择（支持堕胎）和支持生命（反对堕胎）的群体中，我侧偏差随着观点强度的增加而增加，但支持堕胎的群体倾向于表现出更强的我侧偏差。表格下半部分用类似的方式展现了被试对酒精问题的反应（"18岁的人应该有饮用酒精饮料的合法权利"）。在这里，尽管偏差随着两个群体的观点强度而增加，但那些持反对观点的人在观点强度的每个水平上都表现出更多的我侧偏差。

表 3.1

用对《堕胎问题声明》（"我认为堕胎在这个国家应该是合法的"；Stanovich and West，2008a，实验3）的同意程度解释在堕胎问题上的平均我侧偏差的函数。

	平均值（SD）
强烈反对（n = 86）	4.86（4.68）
中等反对（n = 33）	2.15（4.44）

续 表

	平均值(SD)
稍微反对(n = 41)	0.83(3.50)
稍微同意(n = 74)	0.82(3.61)
中等同意(n = 75)	1.07(3.31)
强烈同意(n = 111)	2.74(3.92)

用对《酒精问题声明》("18岁的人应该有喝酒精饮料的合法权利";Stanovich and West, 2008a,实验3)的同意程度解释酒精问题上的平均我侧偏差的函数。

	平均值(SD)
强烈反对(n = 61)	3.16(4.61)
中等反对(n = 51)	0.90(3.31)
稍微反对(n = 42)	0.55(3.78)
稍微同意(n = 104)	−1.15(3.80)
中等同意(n = 92)	0.50(3.30)
强烈同意(n = 70)	1.61(4.46)

在理查德·韦斯特和我的实验(Stanovich & West, 2008a)中,我们进行了回归分析,以检验观点内容(支持选择还是支持生命;0/1)的效价和强度(1, 2, 3)对在堕胎问题上我侧偏差

程度的影响，以及在分离了效价和强度后，认知能力是否可以解释某些差异。在同步回归分析中，效价变量和强度变量的β均显著（p < 0.001），但认知能力的β不显著。对饮酒年龄问题的分析得到了类似的结果：效价和强度的β均显著（p < 0.001），但认知能力的β不显著。就其本身而言，先前意见的强度和方向能够中等程度地预测在堕胎和饮酒年龄问题上的我侧偏差程度[二者的多重相关性（multiple R）分别为0.336和0.328，均 p < 0.001][6]。

　　一项更全面的分析揭示了观点内容变量与研究中所有个体差异变量的相对效力。对于堕胎问题，当效价和强度作为我侧偏差的预测因子时，三个个体差异因素（认知能力、积极开放的思维和认知需求）仅占2.7%的额外方差。相比之下，当认知能力和两种思维倾向作为我侧偏差的预测因子时，效价和强度占了几乎四倍的额外方差（10.6%的独特方差）。在饮酒年龄问题上也有类似的模式（个体差异变量的独特方差为1.8%，观点内容变量的独特方差为10.5%）。

　　其他研究与我们在2008年的研究（Stanovich & West, 2008a）中的结果一致，即信念内容而非个人心理特征能够预测我侧偏差的程度。菲利普·泰特洛克（Tetlock, 1986）研究了人们在环境保护、犯罪控制和医疗保健等重要问题上的推理复杂性。这项研究中，分歧复杂性是与我侧偏差概念密切相关的变量，因为它是衡量人们在推理问题时考虑替代观点和识别复杂权衡的程度的指标。它的定义方式使其成为一个反向测度——它是使一个人**避免**我侧偏差的过程的操作化定义。通过对六个测试问题进行平均，我们可以得到一个总体差异复杂性分数，但是当预测**特定**问题的分化复杂性时，平均分数的有效性要低于每个特定问题所涉及的价值观之间的冲突程度（例如，在监视问题上，自由与国家安全的权衡）。

凯特琳·托纳及其同事（Toner et al., 2013）采用的范式以一种非常有趣的方式探索我侧思维。他们研究了美国自由派人士和保守派人士往往存在分歧的9个问题（医疗保健、非法移民、堕胎、平权行动、政府帮助穷人、要求选民身份识别、征税、对恐怖分子使用酷刑、基于宗教制定法律）。在评估被试的观点后，托纳及其同事让被试直接评价他们认为自己的信念与其他人的信念相比更正确多少。程度从轻微的"不比其他观点更正确"，到更强的"比其他观点稍微更正确"和"比其他观点更正确"，再到更强的"远比其他观点更正确"，最后到决定性的"完全正确——我的观点是唯一正确的观点"。用这种方法，托纳及其同事（2013）测量了被试对这9个问题中每一个问题的看法，以及他们在每个问题上的信念优势（belief superiority）评分，即被试认为自己的观点优于他人的程度。

对于这9个问题中的每一个，托纳及其同事（2013）都观察

到了非常强的信念效应（在他们的回归分析中表现为非常强的
二阶效应）。被试的观点越极端（在任何一个方向上），被试就
越倾向于相信自己的观点比其他人的更好。在所有情况下，观
点强度是比观点方向更有力的预测因素。除了二阶效应之外，
只有4个问题显示出线性效应——这种效应表明意识形态的一
端比另一端显示出更多的信念优势。有趣的是，在其中两个问
题上（政府帮助穷人和基于宗教制定法律），自由派被试表现
出更多的信念优势，而另外两个问题上（要求选民身份识别和
平权行动），保守派被试表现出更多的信念优势。就像我们在
2008年的研究（Stanovich & West, 2008a）中分析的那样，托纳
及其同事（2013）发现观点强度比教条主义的个体差异变量更
有预测力。

　　有趣的是，早在几十年前，在两篇关于单纯的信念与坚信
有何不同的经典论文（Abelson, 1986, 1988）中，罗伯特·埃布
尔森报告了几个与我在本书前三章中讨论的我侧偏差主题相
一致的发现。基于被试对一系列调查问题的回答，埃布尔森
（1988）对20世纪80年代流行的几个社会问题（核能、信仰上帝、
从南非撤资、堕胎、福利、战略防御计划、艾滋病）分别构建了
一个"坚信得分"。鉴于我刚刚回顾的关于信念强度的结果，我
们可以有把握地假设，埃布尔森的坚信得分与每个问题上我侧
偏差程度高度相关。然而，与我已经回顾的结果一致，埃布尔

森（1988）发现受教育水平和对任何问题的坚信之间没有相关性。他还发现，坚信得分只有轻微程度的领域通用性（中位数相关性为0.25），并得出了结论，即他的结果表明"缺乏一个强有力的个体差异变量来代表对社会问题产生坚信的倾向"（第271页）。

预测我侧偏差与预测对特定问题的支持程度

重要的是，要理解从埃布尔森这样的结果中得出的结论。例如，当他指出他的"坚信"变量的领域通用性程度很低时，或者当托普拉克和我（2003）以及韦斯特和我（2008a）的研究中指出我侧偏差的领域通用性程度不高时。重要的是，这里检验相关性的不是对特定问题或命题的**认同**程度，而是在推理命题时表现出的**偏差**程度，这两者是不一样的。当然，根据政治意识形态等诸多变量，许多观点都是可以预测的。自由主义和对更高医疗支出和更高最低工资的信念之间肯定存在实质性的联系，就像保守主义和对更高军费支出以及学校选择的信念之间肯定存在联系一样。一个人的意识形态和他对某个主张的态度方向（例如，"应该增加军费支出"）之间肯定会有联系。我们能够从一个人的意识形态中预测他关于该主张的态度效价（从而预测某个人的"立场"）。然而，这与用意识形态预测我侧偏差程度**不同**。

　　设想有两个命题，一个是关于提高最低工资，另一个是关于提高军费开支水平。很容易预测的是，对于一个特定的个体A而言，如果在工资问题上的先验观点是支持更高的最低工资，那么在军费开支问题上的先验观点就会是更低的军费开支。对应的预测是，如果个体B的先验观点是反对更高的最低工资，那么他在第二个问题上的先验观点就会是更高的军费开支。然而，这种类型的预测是关于哪些**观点**会同时出现，而不是关于我侧偏差的程度是否会一致。虽然**观点方向**具有高度的可预测性，但并不一定意味着我侧偏差的程度也是如此。事实上，在我查阅的文献中，偏差并不能从意识形态方向预测。

　　我将用一张表格从数字和统计上揭示上述的差异。在表3.2中，我制作了一个由6个被试组成的小型模拟。我们假设被试在世界观变量上差异很大，如政治意识形态（以1到10分衡量）。其中3个被试的意识形态信念与另外3个截然不同。被试对与其政治意识形态相关的两种不同观点进行评估，在这里简单地记为观点1和观点2（也以1到10分衡量）。我们可以想象，这两个观点类似于对公立学校更高的支出和政府成为单一支付者的医疗保健——在这两个问题上，样本中的不同意识形态团体预计会聚集在他们的对应观点中。我们假设，每种观点的我侧偏差是用我在前三章中描述的方法（证据评估、论点生成等）

来衡量的。每名被试在每种观点上均测得一个我侧偏差得分。根据我们刚刚回顾的实际研究结果，我侧偏差程度与观点的极端程度高度相关。

表 3.2

被试	意识形态得分	观点1	我侧偏差1	观点2	我侧偏差2	思维倾向
1	10	10	5	8	3	95
2	9	8	3	10	5	97
3	8	6	1	6	1	89
4	3	4	1	1	5	77
5	2	2	3	4	1	85
6	1	1	5	2	3	83

相关性：

意识形态和观点1 = 0.97

意识形态和观点2 = 0.88

观点1和观点2 = 0.82

我侧偏差1和我侧偏差2 = 0.00

意识形态和我侧偏差1 = 0.00

意识形态和我侧偏差2 = 0.11

思维倾向和意识形态 = 0.85

思维倾向和我侧偏差1 = 0.36

思维倾向和我侧偏差2 = 0.00

正如我们通过分析表格中的数字所推测的那样，政治意识形态对这两个问题上的观点有很高的预测性，这在现实生活中也很可能发生。例如，公立学校更高支出的问题和政府成为单一支付者的医疗保健的问题都是与意识形态密切相关的问题。因此，在表3.2中，意识形态与观点1的相关性为0.97，与观点2的相关性为0.88。此外，正如在现实生活中可能被预期的那样，对这两个问题本身的观点也高度相关（r = 0.82）。

然而，尽管意识形态能够预测两种观点，尽管这两种观点彼此高度相关，但在这两个问题上显示的我侧偏差程度是完全**不**相关的。此外，意识形态可以预测观点效价，但它不能预测我侧偏差——意识形态与我侧偏差1和2的相关性分别为0.00和0.11。

这些结果的出现是因为我侧偏差的程度与观点**强度**有关，而不是与观点总体方向有关。在其中一个问题上，观点水平为10和观点水平为1一样极端——在这两种情况下，这都是同样强烈的坚信，并将导致高水平的我侧偏差。在其中一个问题上，观点水平为6类似于观点水平为4，因为即使二者总体上存在观点方向的分歧，但它们同样薄弱，并将导致同样薄弱的我侧偏差。请注意，与意识形态相关的思维倾向不一定能预测我侧偏差。表3.2的最后一列显示了这样一种假设的思维倾向，这种倾向与意识形态（0.85）以及观点1（0.78）和观点2（0.98）高度相关。然而，思维倾向只与观点1的我侧偏差相关（0.36），而与观点2的我侧偏差完全不相关（0.00）。

表3.2表明，预测观点比预测我侧偏差要容易得多。要使我侧偏差水平之间存在相关性，必须让不同问题上的观点**强度**存在相关性，而不仅仅是观点的总体效价。当然，这在某种程度上是一种简化。除了观点强度效应，也有可能存在用观点方向来预测我侧偏差的观点方向效应。如前所述，托纳及其同事（2013）在他们的9个问题中的4个问题上发现了线性效应（即方向效应）。类似地，在我们的研究中（Stanovich & West, 2008a），在堕胎和酒精问题上都发现了观点的方向效应。然而，在这两项研究中，方向效应的效应量远低于强度效应。迪托及其同事（2019a）的元分析发现，总体而言，不同意识形态的我侧偏差没有差异，这进一步加强了我们对观点强度的重视。

因此，政治意识形态——一种在许多问题上推动我侧思考的主要世界观——在最宏观的水平上是方向平衡的。然而，这并不能阻止在特定微观问题上出现方向效应。但即便出现了方向效应，根据托纳及其同事（2013）与斯坦诺维奇和韦斯特（2008a）的研究结果，我们预计任何方向效应在统计上都会被强度效应掩盖。

因此，在特定范式下，对特定问题的我侧偏差水平高度依赖于内容。这是因为，从启发式和偏差文献视角来看，我侧偏差被证明是一种异常的偏差。如上所述，大多数其他偏差都与智力呈负相关（智力较高的人更善于避免这些偏差）。但我侧偏差并非如此——而且它也不能由许多研究得比较充分的理性思维倾向来预测。很少有个体差异变量能够预测特定个体表现出的我侧偏差程度。一般的政治取向预测我侧偏差的能力也很有限（Ditto et al., 2019a），除非能够获得关于各种微观问题的信念强度等非常细致的信息（Toner et al., 2013）。我侧偏差似乎更多地与特定信念的内容和强度联系在一起，而非与可以作为个体差异变量衡量的广泛心理过程联系在一起。在下一章中，我们将更详细地探讨这一事实的理论含义。

注 释

1. 当然，如果我们忽略第二章讨论的凯勒（1993）的论点，这只是违反直觉的。如果在新证据上投射先验在某种程度上是规范性的，那么我们可能会期望认知能力较高的人在更大程度上表现出这种倾向。

2. 尽管卡亨、彼得斯及他们的同事（Kahan, Peters et al., 2012）

实际上以更复杂和多维的方式衡量政治态度，但为了描述这一点，我简化了他们的研究。

3. 在使用认知反应测试（CRT）的工作中，我将CRT视为认知能力和计算能力的复杂指标，但也是吝啬／非吝啬思维倾向的指标（关于CRT所测量的复杂心理成分，参见Liberali et al., 2012; Patel et al., 2019; Sinayev & Peters, 2015; Stanovich, West & Toplak, 2016; Toplak, West & Stanovich, 2011, 2014a）。

4. 另一个区别是，信念偏差任务通常比我侧任务更明确地指示被试不要让他们的推理受到先验信念的影响（Stanovich, West & Toplak, 2013），但这并不总是正确的。

5. 关于为什么保持正向复写的反应至少在统计上更有可能是更优的反应的详细论证，请见Stanovich, 1999 和 Stanovich & West, 2000。

6. 信念的强度是我侧偏差的预测因素，这一发现复制了在许多早期研究中报告的模式（Bolsen & Palm, 2020; Druckman, 2012; Edwards & Smith, 1996; Houston & Fazio, 1989; Taber & Lodge, 2006）。

第四章

你的信念从何而来？
理解我侧偏差的含义

心理学的许多不同领域都存在关于心理过程与存储知识何者更重要的理论争论。在某些领域，这一争论从未真正得到解决。例如，批判性思维领域的研究人员仍在两种观点间摇摆不定：一种观点重视教授批判性思维的技能，而另一种观点认为丰富的知识基础对批判性思维更为重要。而在智力研究中，随着卡特尔-霍恩-卡罗尔（Cattell-Horn-Carroll, CHC）智力理论（Carroll,1993; Cattell, 1963, 1998; Horn & Cattell, 1967; Walrath et al., 2020）占据主导地位，关于心理过程和存储知识的争论更多地达成了和解，因为这一理论既重视流体智力（过程）也重视晶体智力（知识）。

长期强调细微信息处理的有关启发式和偏差的文献（Dawes, 1976; Kahneman, 2011; Simon, 1955, 1956; Taylor, 1981; Tversky &

Kahneman, 1974)似乎更重视处理问题而非存储知识。最近，这种情况开始有所改变，理论家现在强调，如果正确的反应被过度学习、预编译并达到可以自动触发的程度，那么没有必要覆盖自主过程（De Neys, 2018; De Neys & Pennycook, 2019; Evans, 2019; Pennycook, Fugelsang & Koehler, 2015; Stanovich, 2018a）。我们试图在理性思维综合评估（CART; Stanovich, West & Toplak, 2016）中捕捉这种重点的变化，其中包含了几个子测试，深入挖掘了基于理性思维的重要知识基础。

在第三章中，我们发现观点内容比心理过程指标更能解释我侧偏差的差异，但关于我侧偏差的默认理论立场其实倾向于将其视为是过程驱动的。第三章讨论的研究发现表明，这种默认立场可能需要更新。如果它确实是基于过程的偏差，那么从在心理学中研究最充分的个体差异变量，比如智力和思维倾向（如积极开放的思维和认知需求）来看，驱动我侧偏差的过程肯定是不可预测的。

在本章中，我打算探索另一种概念化的方法：将我侧偏差视为一种基于内容的偏差而非个体差异特质。事实上，最近政治心理学和社会心理学的一些领域的研究人员发现，一旦刺激材料内容的重要性得到充分认识，这些领域中一些长期发现往往会被重新解释和推翻。在许多情况下，我们认为其具有领域普遍性的心理特征关系，实际上却会因实验中使用的内容不同而出现或消失。

近代心理科学中对内容的忽视

尤塔·普罗赫、茱莉亚·埃拉德-施特伦格和托马斯·凯斯勒（Proch, Elad-Strenger & Kessler, 2019）的一项研究阐释了研究人员如何在没有对内容进行足够广泛的抽样情况下过快地得出结论，即认为他们是在测量一般的心理特征。他们的研究挑战了心理学文献中长期存在的观点，即政治保守主义与对变革的抵制有关（Feldman & Huddy, 2014; Jost et al., 2003; Kerlinger, 1984）。普罗赫、埃拉德-施特伦格和凯斯勒（2019）指出，一个人对变革的立场可能不是变革本身的函数，而是这个人如何看待现状的函数。赞成现状的人往往不想改变现状，而不赞成现状的人则倾向于支持改变。但社会、经济、技术和文化的变革速度在20世纪60、70、80年代甚至20世纪90年代初都比现在慢得多。在那几十年里，大部分现状都不符合自由派人士的喜好。因此，自由派被试在问卷中表明他们想要改变，其实不仅仅是支持变革本身，而是支持让现状朝着他们认可的方向发展。

但现代工业化社会的情况和以往大不相同了。我们现状的许多方面都是由实施一系列自由社会原则的人设计和建立的，从人力资源部门的多元化、工业污染监管、大学录取中的种族偏好，到公司董事会中女性比例的规定等。因此，普罗赫及其同事（2019）不难列出一份相当长的、现状得到自由派人士的认可的社会和政治政策实践清单，来平衡一份同样长的、现状得到保守派人士的认可的当前政治和社会政策实践清单。

使用这些平衡的政策清单作为实验材料，普罗赫及其同事（2019）发现保守派被试没有比自由派被试更加抵制变革的普遍趋势。他们的研究结果在很大程度上验证了一个常识性的结论：当现状与他们的政治立场相匹配时，两个政治团体都赞成现状，当变革让世界偏离他们的政治倾向时，他们就不赞成改变。

普罗赫及其同事（2019）的研究提供了一个例子，说明有偏差的刺激选择如何导致理论的过早构建，这些理论强调广泛的心理特征，而不是一种内容依赖的反应。他们的发现与我和我的同事在积极开放思维（AOT）量表上进行深入分析的结果相一致，该量表在第二章（Stanovich & Toplak, 2019）中进行了讨论。AOT概念中测量的一种关键处理风格是被试根据证据修改信念的意愿。在几十年前首次构建的早期量表中，有几个条目旨在测量这种处理风格。但我和我的同事玛吉·托普拉克发现，并不存在**通用**的信念修正趋势。信念修正的测量需要与内容结合——它是由人们正在修正的特定信念决定的。根据信念内容的不同，被试或多或少地愿意修正自己的信念。托普拉克和我（2019）的发现让人想起第三章回顾的我侧偏差文献。在那里，被试或多或少地倾向于表现出我侧偏差，这取决于他们对所讨论的**特定**问题的观点的强度。并没有一种独立于内容的，可以从广泛的心理特征中预测的我侧偏差的普遍趋势。

在最近的社会心理学研究中，扩大研究中使用的刺激范围对于反思一系列关于对各种社会群体的偏见、排斥和情感温暖的已有研究的意义至关重要（Crawford, 2018），这种关注至少可以追溯到菲利普·泰特洛克（Tetlock, 1986；另见Ray, 1983, 1989）。长期以来，人们一直认为外群体的偏见和排斥与保守的意识形态、低智力和低经验开放性有关。意识形态冲突假说的支持者（Brandt et al., 2014; Chambers, Schlenker & Collisson, 2013）质疑这些发现的普遍性，指出这些研究中的目标社会群体（非裔美国人、LGBT人群、西班牙裔美国人）通常是与自由派人士在意识形态上亲和并与保守派有着冲突价值观的群体。因此，保守派人士表现出的较低的外群体热情和容忍度很可能是由于与早期研究中使用的目标群体的意识形态冲突。

在对这一猜想的检验中，约翰·钱伯斯、巴里·施伦克尔和布赖恩·科利森（Chambers, Schlenker & Collisson, 2013）展示了早期关于保守主义和偏见之间关系的研究是如何将目标群体与意识形态混淆的。在大多数关于偏见的经典实验中，目标群体都是众所周知的持有自由主义价值观的群体，因此当一个被试必须对该群体成员表示热情或宽容时，保守派被试就面临着冲突：他们必须评价的群体是已知持有冲突价值观的群体。自由派被试则没有面临这样的冲突：他们只是被要求表明他们会对和自己有相同的信念的目标群体表现出多大程度的宽容。[1]然而，钱伯斯、施伦克尔和科利森（2013）试图衡量面对与自由派有价值冲突的群体（商人、基督教原教旨主义者、富人、军队）时表现出的宽容和热情程度，发现自由派被试表现出与保守派被试一样多的外群体厌恶。意识形态相似性对预测群体喜好有较强作用，相关性超过0.80。

已经有大量的文献对意识形态冲突假说进行了实证检验。这些文献大多导向了同一个结论，即外群体宽容、偏见和情感温暖的衡量标准更多的是目标群体的价值观与主体价值观匹配程度的函数，而不是被试的心理特征的函数（Brandt & Crawford, 2019; Chambers, Schlenker & Collisson, 2013; Crawford & Pilanski, 2014; Wetherell, Brandt, and Reyna, 2013）。一旦更多样化的社会群体被纳入评估任务，那么低宽容和低情感温暖与保守主义、低智力或低开放性的相关性就几乎消失了。自由主义者似乎也可以表现出相对的不宽容——他们只是对不认同他们世界观或价值观的群体（商人、基督教原教旨主义者、富人、军队）表达这种不宽容。

赖利·卡尼和瑞安·伊诺斯（Riley Carney & Ryan Enos, 2019）展示了具体内容如何在常用的现代种族主义量表（Henry & Sears, 2002）上决定反应时发挥作用。这些量表在试图将种族主义与保守观点联系起来时尤为突出。典型的条目是"爱尔兰人、意大利人、犹太人和许多其他少数民族克服了偏见并努力进步，黑人应该在没有任何特殊支持的情况下做到同样的事情"或"这其实是一些人不够努力的问题，如果黑人更加努力，他们可能会和白人一样富裕"。赖利·卡尼和瑞安·伊诺斯（2019）进行了几项实验，在这些实验中，他们将其他群体替换了此类项目中通常的目标群体：非裔美国人（通常在量表项目中被称为黑人，以使受访者格外关注种族）。在不同的实验条件下，他们插入了其他目标群体，例如：西班牙人、约旦人、阿尔巴尼亚人、安哥拉人、乌拉圭人和马耳他人。他们的惊人的结论是，尽管保守派被试比自由派被试更强烈地支持量表上的所有项目，但保守派被试不管目标群体是谁都会这样。相比之下，当目标群体是非裔美国人时，自由派被试的得分明显不同于其他群体。当目标群体是非裔美国人时，自由派被试不太可能支持量表上的条目（Carney & Enos, 2019）。

卡尼和伊诺斯（2019）进一步得出结论，这些现代种族主义量表捕捉的不是与保守主义相关的种族仇视，而是与自由主义相关的种族同情（另见al-Gharbi, 2018; Edsall, 2018; Goldberg,

2019; Uhlmann et al., 2009）。对于保守派人士来说，所谓的现代种族主义量表更多的是作为一个指标，表明他们相信当前社会在奖励努力方面相对公平，这些量表从一开始就被贴上了错误的标签。对于自由主义者来说，这些量表确实探查了一些针对黑人的东西，但这并不是种族主义。如果有的话，它们是在衡量对非裔美国人表现出特殊亲和力的趋势，或者可能意识到对这一目标群体的亲和力能够在美德信号方面得到最高的回报。[2]

最近的出版物表明，涉及偏见和容忍的心理关系是有条件的，它们取决于被试的价值观与研究使用的刺激中目标群体的价值观之间的**一致性**（Brandt & Crawford, 2016, 2019; Brandt et al., 2014; Brandt & Van Tongeren, 2017; Crawford & Brandt, 2020; Crawford & Jussim, 2018; Crawford & Pilanski, 2014; Wetherell, Brandt & Reyna, 2013）。马克·勃兰特和雅雷·克劳福德（Mark Brandt & Jarret Crawford, 2019）在他们对偏见研究最新进展的细致讨论中，展示了有多少被认为是一般预测因素的心理特征（对经验的开放性、认知能力）其实只是在某些情况下是偏见的预测因素。它们并不能作为所有目标的预测因素。勃兰特和克劳福德（2019）最终列出了一个列表，其中只将四个偏见预测因素归纳为一致的因素。但从某种意义上来说，这个列表对于从个人的**纯心理**特征来预测偏见这一目标过于乐观。这是因为在他们的列表中，两个最成熟的预测因素——世界观冲突（worldview conflict）和感知威胁（perceived threat）——根本不是一般的心理特征。它们是错配变量（mismatch variables），涉及远端信念和目标刺激之间的重叠，而不是仅包含在个体内部的个体差异变量。世界观冲突取决于个人世界观和对目标的社会态度之间的匹配。感知威胁也是如此。它们是反映个人/目标**契合度**的变量。这两个变量都不是人的心理特征，而是信念内容以及该内容与目标刺激之间的关系的属性。

简而言之，我们经常发现人格和认知能力的测量不如个体所携带的特定信念有效。我侧偏差似乎是这一普遍趋势的一个极端例子。第三章回顾的文献表明，它几乎与认知能力完全无关，充其量与理性思维倾向有微弱的相关性。我侧偏差只与焦点信念本身的方向和强度有关。表现出我侧偏差的倾向似乎不是一个人的固有特征，而是这个人所获得的特定信念和观点的函数。因此，如果我们要正确理解我侧偏差，我们需要一个强调信念**内容**（而不是处理倾向）的视角。

信念作为所有物和信念作为模因

我侧偏差可能是基于内容而不是心理特征的一个原因是，一些年前埃布尔森（Abelson, 1986）写的一篇论文的标题提出的：“信念就像所有物。”撇开目前对过度消费的批评不谈，我们大多数人会觉得我们获得物质的所有物是有原因的，其中一个原因是我们的所有物在某种程度上为我们的目的服务。我们对自己的信念也有同样的感受[3]，觉得信念是我们选择获得的东西，就像我们的其他所有物一样。简而言之，我们倾向于假设：（1）我们在获得信念时行使了代理权；（2）这些信念为我们的利益服务。在这些假设下，具备一个捍卫信念的整体策略似乎是有意义的。

但是还有另一种方式来思考这个问题——让我们用更加怀疑的眼光来审视我们无论如何都要捍卫自己信念的倾向。正如第三章所讨论的，当认知复杂性增加时，无论是增加智力还是强化与更深层次的思考相关的思维倾向，我侧偏差都没有相应的减少。此外第三章中回顾的结果显示，我侧偏差几乎不存在领域普遍性（例如，Toplak & Stanovich, 2003）；这一事实表明，可能无法通过我侧偏差程度的多少来区分不同的人，而是人们对不同的信念会产生不同程度的我侧偏差。简而言之，不同的信念排斥对立思想的强度会有所不同。这正是进化认识论中的一个理论所主张的。这让我们能够深思一个惊人的问题：假如不是你拥有你的信念，而是你的信念拥有你呢？

文化复制因子理论（cultural replicator theory）和模因学领域帮助我们准确地探索了这个问题。文化复制因子一词指的是文化中可能通过非遗传方式传递的元素。文化复制因子的另一个术语——模因（meme），是由理查德·道金斯（Richard Dawkins）在他1976年的著作《自私的基因》（*The Selfish Gene*）中引入。模因[4]一词有时也被泛指所谓的"模因复合体"——一组共同适应的模因，作为一组相互关联的想法被复制在一起（例如，民主的概念是一组复杂的相互关联的模因，即模因复合体）。

在"我的信念"和"我的想法"等短语中隐含着"信念作为所有物"的隐喻，而模因学可以在一定程度上消除这种隐喻。因为"我的模因"这个术语不太常见，它不会像"我的信念"那样的方式象征着所有权。模因这个术语可以破坏对远端信念的防御状态，而这种防御状态是大多数我侧加工的来源。这一术语有作用的另一个原因是，通过与基因（gene）这个术语的类比，它指出：可以使用普遍达尔文主义的见解来理解信念的获得和变化（Aunger, 2000, 2002; Blackmore, 1999; Dennett, 1995, 2017; Distin, 2005; Sterelny, 2006）。

生物体是为了基因（复制体）的利益[5]而构建的，而不是为了生物体本身（道金斯称之为载体）的任何利益。尽管通常情况下，基因和它们所依附的载体有相同的利益，但这种利益的重合并非没有例外。遗传学和理论生物学的大量文献表明，基因作为比个体层级更低的复制体，在增强其繁殖能力和寿命时，未必需要服务于其构建的载体的工具性目标（Dawkins, 1982; Skyrms, 1996; Stanovich, 2004）。通过类比，这种见解引发了这样一种想法，即模因可能偶尔会以牺牲宿主的利益为代价进行复制，尤其是当它们是无意识地被获得的时候。模因（像基因一样）也是只根据自己的利益而行动的自我复制因子——这就是丹尼尔·丹尼特（Daniel Dennett, 2017）所说的"模因视角"。简而言之，我侧偏差可能是为已有模因的利益服务，而不是为宿主的利益服务。也许这就是为什么人们的心理特征无法预测我侧偏差的程度。

模因概念引出的基本见解是，一种信念可能会被传播，但不一定是真实的，也不一定能帮助持有这种信念的人。考虑一封带有以下信息的连锁信："如果你不把这条信息发给五个人，你就会倒霉。"这就是模因——一个思维单元的一个例子。它是一种行为的指令，可以被复制并存储在大脑中。这是一个相当成功的模因，因为它复制了很多次。但这个成功的模因有两个不同寻常的地方：对携带它的人来说，它既不真实，也没有帮助。但模因依然存活了下来。它之所以存活下来，是因为它自己的自我复制属性（这种模因的基本逻辑是它会说"复制我，否则……"）。通过模因进化，目前存在的所有模因都拥有了最好的繁殖能力、寿命和复制保真度——这是成功复制因子的决定性特征。

模因理论对我们关于信念的推理有着深远的影响，因为它颠覆了我们对信念的思考方式。传统上社会和人格心理学家往往会问：是什么导致了特定个体有了特定的信念？因果模型就是一个人决定拥有什么样的信念的模型。模因理论反而会问：是什么导致某些模因为自己收集了许多"宿主"？问题不是人们如何获得信念（社会和认知心理学的传统观念），而是信念如何"获得"人。

关于信念传播的一个常识性观点是，"某信念传播是因为它是真实的"。然而，这一观点很难解释真实但不流行的信念，以及流行但不真实的信念。模因理论告诉我们，在这种情况下要关注第三个原则：某信念在人群中传播是因为它是一个很好的自我复制因子——它擅长获得宿主。模因理论让我们关注的是信念作为自我复制因子的属性，而不是获得信念的人的品质。这是模因概念所提供的唯一独特变量，也是一个深刻的变量。

模因和模因复合体的生存和增殖有四个原因，因此涉及四类成功的模因。[6] 一个模因的历史传播可能涉及以下四类的任何组合：

1. 模因生存和传播是因为它们对宿主有帮助。

2. 某些模因的激增是因为它们非常适合既存的遗传倾向或

特定领域的进化模块。

3. 某些模因传播是因为它们促进了基因的复制，而这些基因构成的载体是这些特定模因的良好宿主（敦促人们多生孩子的宗教信念就属于这一类）。

4. 模因生存和传播是因为模因本身的自我延续特性。

毫无疑问，大多数模因之所以能存活下来，是因为它们同时属于上述**多个**类别，这给了它们优势。一个模因的传播可能是因为它既对宿主有用，**又**符合遗传倾向，**还**具有自我延续的特性（Richerson & Boyd, 2005）。

许多理论家已经讨论了第四类模因使用的一些策略（这类模因是有问题的，因为它们的复制策略并不服务于宿主）。例如，有一种"寄生思维程序"会模仿有用想法的结构，欺骗宿主，让他们认为自己会从中受益。广告商当然擅长构建寄生的模因——建立在其他信念和图像基础上的信念（能引发无意识的联想，比如"如果我买了这辆车，我就会得到这个漂亮的模型"）。其他可自我保护的模因策略包括改变认知环境。例如，许多宗教会诱发对死亡的恐惧，以使它对来世的承诺更具吸引力。更险恶的策略是所谓的"对抗性策略"，这些策略会改变文化环境使其更不利于竞争模因的生存，或者影响它们的宿主攻击持有其他信念的宿主。许多温和的宗教信徒出于对所在集体其他成员可能隐藏的模因的恐惧，会避免批判他们集体中的极端分子。不那么险恶的模因策略只是促使宿主避免潜在的矛盾信息（Golman, Hagmann & Loewenstein, 2017）。

丹尼特（Dennett, 2017）的"模因视角"让我们可以把我侧偏差视为一种战略机制，它使信念难以改变，并让人意识到我们生活在一个"模因层"（memosphere）[7]中，在这种大环境中，人们对检验信念普遍怀有敌意。几十年来，批判性思维文献中的教育理论家一直哀叹批判性思维技能教育的困难，这些技能包括超然、对信念的中立评估、视角转换、去语境化和对当前观点的怀疑。批判性思维文献一致表明，个体从一个不能保证强化现有信念的角度审视证据是多么困难。简而言之，目前存在于我们认知结构中的模因，似乎对与其他可能想要停驻并可能取代它们的信念共享宝贵的大脑空间毫无兴趣。

我们大多数人都对新模因怀有敌意，这确实引发了一些令人不安的想法。如果我们的大多数信念都作为载体很好地为我们服务，为什么它们不想接受对其有效性的选择性测试，也就是一个它们的竞争对手肯定会失败的测试呢？一个原因可能是，在一个模因复合体内，相互支持的模因可能会形成一种结构，阻止与其矛盾的模因获得大脑空间，原理类似于基因组中的基因是相互合作的（Ridley, 2000）。从基因角度来看，如果任何新的突变等位基因不是合作者，那么生物体往往是有缺陷的。这就是为什么基因组中的其他基因需要合作。同样，已有模因也在选择合作者，即与它们相似的模因。与已有模因相矛盾的模因不容易被同化（Golman et al., 2016）。

这样的推论可以解释关于我们的个体差异的发现，即一个在某一领域表现出高度的我侧偏差的人，未必会在另一领域也表现出我侧偏差。另一方面，**领域**在它们引发的我侧偏差的数量上存在巨大差异（Stanovich & West, 2008a; Toplak & Stanovich, 2003）。这是因为模因的结构不同，它们排斥矛盾思想（也就是可能取代它们的模因）的强度不同。**一个人没有高或低我侧偏差的普遍趋势**。然而，相比之下，某些模因复合体比其他模因复合体能够更好地抵抗冲突的模因。

模因的功能性与信念的反思性

在本节中，我将概述模因概念如何帮助我们克服第二章中讨论的交流的公地悲剧。将远端信念视为所有物会助长最糟糕的我侧偏差——投射的先验观点并非基于证据，而是来自不可检验的坚信的外推。为了避免我侧偏差，我们需要与我们的坚信保持距离，为做到这一点，将我们的信念想象成可能会带有自己的利益的模因，可能会有所帮助。

通过模因视角看待信念这一方法能够起到疏离功能，不过在讨论这一点之前，我想简要谈谈模因概念的一些不幸历史，其中的某些方面阻碍了心理学和其他学科研究人员对模因方法的认可。道金斯（Dawkins, 1993）虽然创造了模因一词，但他和布莱克莫尔（Blackmore, 2000）让这个概念有了一个糟糕的开始，因为他们声称大多数宗教本质上是"复制我"（copy-me）的模因复合体，"以威胁、承诺和那些阻止他们的主张被检验的方法为后盾"（Blackmore, 2000, pp.35-36）。他们的论点在宗教心理学文献中引发了一系列反驳（Atran & Henrich, 2010; Barrett, 2004; Bering, 2006; Bloom, 2004; Boyer, 2001, 2018; Haidt, 2012; Wilson, 2002）。当然，对道金斯-布莱克莫尔论点的批评也各有不同。一些人认为宗教是一种进化而来的适应机制。其他人认为它是一系列为其他目的而进化出的认知机制（代理检测、心理理论等）的副产品。不论理论家对宗教采取适应主义还是副产品的立场，他们都反对道金斯-布莱克莫尔的观点，即宗教是一种模因病毒——一种对人类宿主没有效用的"复制我"的指令。

道金斯-布莱克莫尔认为宗教是模因病毒的观点带来了许多不幸的后果。其中之一是助长了一种误解，即模因一词特指那些仅仅属于与上一节中第四类模因相关的想法，也就是说，模因一词仅指那些能自我复制，但没有遗传功能，也对生物体本身没有功用的想法。正如我在前文强调的，这是不正确的。

据统计，大多数模因**除**了具有自我复制特性之外，**还**具有遗传功能或服务于生物体的功能。道金斯-布莱克莫尔在宗教问题上的立场促使许多人相信模因一词只适用于"病毒信念"——那些除了自我复制之外没有其他功能的信念。例如，达恩·施佩贝尔（2000, p.163）在使用模因一词时，没有将其作为一般意义上的文化复制因子的同义词，而是作为一类特殊的文化复制因子，"被选择不是因为它们有利于人类携带者，而是因为它们有利于自己"。也就是说，他将这个术语用于仅属于上述第四类的信念。相比之下，我（以及大多数模因理论家）对这个术语的使用更加通用（即作为文化复制因子的同义词）。

　　除了定义上的混乱之外，道金斯将宗教视为模因病毒的观点[8]还有另一个有害的副作用。道金斯称它们为"病毒"，暗示它们有两个特性：（1）它们不是以反思的方式获得的；（2）它们没有功能。这是一个非常不幸的并列，意味着这两个特性总是同时出现：如果一个模因没有功能，那么它是以**非**反思的方式获得的；相对地，如果一个模因对宿主**有**功能，它一定是通过反思的方式获得的。后一种假设非常有害，因为它让我们忽视了一种更重要、更常见的情况：一些模因并不是通过反思的方式获得的，但它们仍然以某种方式发挥作用。模因病毒的比喻导致了对一个重要观点的批判——一个模因可以出于上文的第一类或第二类原因，可以成功被复制，但仍然不能通过反思的方式获得。事实上，大多数激励和促成成功生活的信念和想法不是通过有意识的反思获得的模因，但对我们来说仍然有用。

丹尼尔·丹尼特（2017, p.213）认为上述最后一个见解是模因概念的巨大优势之一。[9] 它突出了这样一个事实，即我们构建文化内容的方式可能并不是通过像丹尼特所说的"有意识的吸收"（conscious uptake），而是通过一系列无意识的决定。他认为"当一个人采用传统心理学观点看待思想和信念时，很难解释也很容易忽视这样一个事实，即文化特征的变化会在没有察觉的情况下传播"。这其实是用文化领域的说法阐释了我上面的论点，即认为"如果一种信念对我们来说是正确的，或者似乎对我们实现目标有所帮助，那么这一定意味着该信念是我们通过反思和理性思考有意识地获得的"是完全错误的。

但是，我们可能会想，我们是如何在**没有**反思的情况下获得重要信念（坚信）的呢？尽管外行人的民间理论（"我的信念是我有意识地思考并有意决定相信的东西"）可能仍然觉得这个问题的答案违反直觉，但其实这一答案应该不会让心理学家感到惊讶，因为心理学中有很多例子表明，人们会从先天倾向与（大部分是无意识的）社会学习的结合中获得陈述性知识、行为倾向和决策风格。例如，乔纳森·海特（Jonathan Haidt, 2012, p.26）援引这个模型来解释道德信念和行为，认为"如果道德不是主要来自推理，那么最有可能的来源就是先天性和社会学习的结合……我将试图解释道德是如何与生俱来的（作为一组进化的直觉）与习得的（孩子们学习在特定的文化中应用这些直觉）"。

海特（2012）用来解释道德发展的模型很容易应用于我侧偏差这一情形。我侧思考导致的坚信通常来自政治意识形态，即来自一套关于社会正确秩序及其如何实现的信念。越来越多的理论家在为政治意识形态的发展建模时使用了海特（2012）应用于道德发展的相同模型，即将先天倾向与社会学习结合（参见Van Bavel & Pereira, 2018）。

关于我们意识形态倾向的起源还有很多东西有待了解，我无法在本书中详细阐述所有现存的争议。但对于我目前的论点，只有一个宽泛的结论是必要的，即可能有些气质性的基础会让一个人成为保守派或自由派，而这些气质性的基础看起来越来越像是基于生物学的。例如，对政治意识形态和价值观的测量显示出相当强的遗传性（Alford & Hibbing, 2004; Bell, Schermer & Vernon, 2009; Funk et al., 2013; Hatemi & McDermott, 2016; Hufer et al., 2020; Ludeke et al., 2013; Oskarsson et al., 2015; Twito & Knafo-Noam, 2020）。此外，自由派人士和保守派人士在大五人格特质（开放性、尽责性、外向性、宜人性和神经质）中的两个维度上存在差异，这两个维度在本质上是可遗传的（Bouchard & McGue, 2003; Funk et al., 2013）。自由派人士在人格的开放性维度上往往得分高于保守派人士，而在尽责性维度上往往得分较低（Carney et al., 2008; De Neve, 2015; Fatke, 2017; Hirsh et al., 2010; Iyer et al., 2012; McCrae, 1996; Onraet et al., 2011; Sibley & Duckitt, 2008）。[10]

人格差异源于生物学的证据不仅仅包括相关特征的遗传能力，已经有更直接的研究将自由派人士和保守派人士之间的遗传差异与神经递质功能的差异联系起来（Hatemi et al., 2011; Hatemi & McDermott, 2012, 2016）。这些发现与心理学研究的长期趋势相一致，表明保守派人士比自由派人士对威胁和消极/厌恶更敏感（Carraro, Castelli & Macchiella, 2011; Hibbing, Smith & Alford, 2014a; Inbar, Pizarro & Bloom, 2009; Inbar et al., 2012; Jost et al., 2003; Oxley et al., 2008; Schaller & Park, 2011）。其他研究将感觉寻求（在自由主义者中更高）与政治意识形态联系起来（McCrae, 1996）。自由派人士和保守派人士之间的人格差异似乎在童年早期，甚至在学龄前儿童时期就有所体现（Block & Block, 2006; De Neve, 2015; Fraley et al., 2012; Wynn, 2016）。最后，还有与意识形态相关的大脑差异，以及神经化学/生理差异（Ahn et al., 2014; Dodd et al., 2012; Hatemi & McDermott, 2016; Krummenacher et al., 2010; Van Bavel & Pereira, 2018）。

所有这些关于意识形态的气质/生物基础的研究得出的结

论无疑会在未来的研究中得到完善和挑战[11]，但所有具体问题如何解决的细节不会改变这样一个事实，即这些气质/生物基础不是来源于你有意识的思考。适合这些基础的模因也不是来源于你的思考。你是以特定的方式被构建的，而当你遇到某个特定的模因复合体时，你就是会觉得它是正确的。你形成信念的大部分机制是双过程理论中的系统1机制（Evans & Stanovich, 2013; Kahneman, 2011），而不是反思思维的过程（系统2的更高控制功能，参见Pennycook, Fugelsang, and Koehler, 2015; Stanovich, 2011）。我们的先天倾向是不受我们控制的。正如海特（Haidt, 2012, p.312）所指出的，"那些基因让他们的大脑从新奇、变动、多样性中获得特殊乐趣，同时对威胁不太敏感的人，倾向于（但不是注定会）成为自由派人士……出于同样的原因，那些基因让他们的大脑拥有相反设定的人，则倾向于与右翼的宏大叙事产生共鸣"。

诚然，在强调你并不是通过思考形成你的意识形态倾向时，我们只处理了海特（2012）"先天和社会学习"表述的一半。但是对于那些希望重建旧的民间信念心理学（"一定是我想出了我的信念，因为它们对我来说意义重大"）的人来说，海特的表述中的社会学习部分几乎没有帮助。价值观和世界观在整个童年早期发展，孩子所接触的信念主要由父母和学校等机构控制，更不用说朋友和邻居了（Harris, 1995; Iyengar, Konitzer &

Tedin, 2018; Jennings, Stoker & Bowers, 2009）。孩子接触到的一些模因能够很快被习得，因为它们与上述讨论的先天倾向相匹配。而其他模因的习得也许会更慢，但不论它们是否与先天倾向相匹配，它们依然被习得，因为我们珍视的亲人和重视的朋友会不断重复它们。它们通常是孩子重视的群体所持有的信念。也就是说，在"我侧偏差"一词中的"侧"，实际上的确是我的信念所在的一方，但这种信念通常更多地与群体归属感有关，而不是个人的反思（更细致的讨论参见Haidt, 2012, 以及Clark & Winegard, 2020; Tetlock, 2002）。

简而言之，儿童（以及大多数成年人）几乎无法直接控制他们的社会世界、对社会学习的分配或对某些信念的先天倾向。你的先天倾向不是通过思考获得的，而你通过社会学习获得的东西也不是反思性思考的结果（参见Hibbing, Smith & Alford, 2014b; Taber & Lodge, 2016）。意识形态信念在很大程度上不是通过反思获得的，这与研究表明的很难通过提供正确的信息来纠正政治虚假信息是一致的（Flynn, Nyhan & Reifler, 2017; Nyhan & Reifler, 2010）。相比之下，丹尼尔·霍普金斯、约翰·塞兹和杰克·西特林（Daniel Hopkins, John Sides & Jack Citrin, 2019）确实发现了在一组被试中纠正错误的移民统计事实的可能性。然而，关于移民统计的虚假信息的纠正丝毫不影响被试对移民的更高层次的政治态度。因此霍普金斯、塞兹和西特林

（2019, p.319）得出结论，与上述海特的"先天性和社会学习"构想一致，即"对移民的态度部分基于稳定的倾向，这种倾向通常在生命早期就得以建立并在后来的社会化中得到加强，这种倾向也使人们对挑战现有信念的信息产生抵制态度"。

强调远端信念的非反思性的模型并不新鲜。事实上，学者们已经从不同的角度阐述了这一普遍思想，从历史学家（"我们的大多数观点是由公共群体思维而不是个人理性塑造的，我们坚持这些观点则是因为群体忠诚"，Harari, 2018, p.223）到认知科学家（"推理的动机通常是为了传播从公民信念集合中获得的信念。认知在很大程度上是关注和分享社区规范的过滤器"，Sloman & Rabb, 2019, p.11）。尽管这种观点在各种行为学科中无处不在，但外行对信念来自哪里的看法仍然大相径庭。大多数人仍然更愿意认为他们最深的坚信都是通过思考获得的。

研究结果表明，驱动我侧偏差的坚信是如何被非反思性地获得的，这与第三章中回顾的那些研究很好地吻合，即智力与避免我侧偏差没有表现出很强的相关性。如果一个能够让观点得到充分校验，从而避免我侧偏差的主要机制是与智力相关的，那么我们的坚信是反思性获得的。缺乏这种相关性本身必然会引发严肃的问题：我们在获得信念时的反思程度如何？[12]

回想一下第二章，当一个人将他的坚信投射为先验信念，而不是将通过先前证据的全局理性处理产生的可验信念投射为先验信念时，就会产生有问题的我侧偏差。意识形态立场等坚信往往是这种有问题的我侧偏差的驱动力——有问题是因为它导致了第二章讨论的交流的公地悲剧（Kahan, 2013; Kahan et al., 2017），它阻止了社会在对最优公共政策决策这一至关重要的事实问题上达成贝叶斯收敛。因此，如果不能稍微削弱人们的坚信，它至少可以帮助我们摆脱这种公地悲剧——让我们更少地利用坚信而非基于证据的可验信念来形成先验。[13]

因此，如果我们每个人都对自己的坚信（这些远端信念）更加怀疑——避免将它们视作所有物——这可能有助于防止人们不恰当地投射信念。本节对于信念来源的理解方法表明，我们需要以更加去人格化的方式谈论我们的信念。模因学提供了这样做的工具。

远离坚信的工具

我们需要改变围绕信念的民间心理学，因为民间心理学强调有意识的个人能动性，告诉我们在试图解释我侧偏差的个体差异时，要寻找个体心理特征。目前建构的民间心理学鼓励我们采用"信念作为所有物"的默认观点。[14]基本的模因论视角——一种信念可能会被传播，但未必是真实的，也未必会以任何方式帮助持有这种信念的人——有助于减少这种默认假设对我们的控制。

　　模因的概念，加上"先天-社交学习"框架，有助于摧毁这样的想法，即所有我们认为重要的事情都是基于我们的思考。这个组合框架本质上是在对人们说："你并不是通过思考来决定对你重要的事情。你有一种特殊的先天气质和一个依附于它的模因复合体。你有一种相信它的倾向，并且那个特定的模因被构造成特别具有'黏性'（否则它不会存活这么久）。"简而言之，作为你信念的模因可能"适合"你，它们甚至可能在你的日常生活中**发挥作用**（例如，服务于群体身份功能），但这并不意味着你反思了它们或者它们就一定是真的。[15]

　　模因理论让我们关注的是思想作为复制者的属性，而不是获得这些思想的人的心理品质。例如，一些站不住脚的模因会采用这样一种消除疑虑的策略来抵御批评："每个人都有权持有自己的观点。"如果从字面上理解，这种说法是微不足道的。观点只是一个想法——一个模因。我们并非身处极权社会。在我们所处的自由社会里，我们理所当然地可以持有我们想要的任何观点——任何模因，只要它们不会导致我们伤害他人。

　　从来没有人否认过这一所谓的"持有观点的权利"。那么，为什么我们经常听到人们要求这一权利，而事实上几乎没有人想剥夺某人的观点权？通过说出"持有我的观点的权利"，你实际上是在要求你的对话者停止让你对自己的信念进行辩护。一旦你举起了"观点权"的盾牌，人们坚持要求你为自己的观点辩护就被认为是不礼貌的。因此，模因的一个非常有用的传播策略是给自己贴上"观点"的标签，并在其逻辑或经验支持薄弱时，让宿主举起"观点权"的盾牌。同样，属于前文所述四种类别的现有模因可能会使用一种相当明显的策略，比如告诫宿主"永远不要争论政治或宗教"，目的是让宿主免受其他模因的传教策略的影响（Golman et al., 2016），从而避免其他模因取代现有模因。

工具理性的许多原则都会测试模因的一致性，例如，与信念相关的概率集是否连贯，以及欲望集（sets of desires）是否以逻辑一致的方式结合在一起。科学推理被设计用来测试模因的真实价值，例如，它们是否符合世界的真实情况。真实的模因对我们有好处，因为准确地追踪世界有助于我们实现目标。但既不真实也不能帮助我们实现目标的模因也可能会生存下来。这种模因就像人体内所谓的"垃圾DNA"——不编码有用蛋白质的DNA，可以说，它只是"凑热闹"。这种垃圾DNA的存在原理一直是一个谜，直到复制因子的逻辑被解释清楚。一旦人们明白了DNA的存在只是为了自我复制，而不一定对我们（作为生物体）有任何好处，那么为什么基因组中会有一些垃圾就不再是一个谜了。如果DNA没有帮助构建身体却也能被复制，这完全没问题。复制因子只"关心"复制本身。

模因也是如此。如果一个模因可以在不帮助人类宿主的情况下得到保存和传播，它就会这样做（想想连锁信的例子）。模因理论让我们看到了一类新的问题：我们的信念中有多少是"垃圾信念"——为它们自己的传播服务，而不是为**我们**服务？科学推理和理性思维的原则本质上是模因评估工具，帮助我们确定哪些信念是真实的，因此可能对我们有用。

诸如可证伪性这样的科学原则在识别可能的"垃圾模因"方面大有用处。这些"垃圾模因"实际上并没有为我们的目的服务，而只是为自身复制的目的服务。想想看，如果一个模因本身是不可证伪的，那么你永远找不到反驳它的证据。因此，你永远不会有明显的理由来放弃这种信念。然而，不可证伪的模因实际上没有阐释世界的性质（因为它不允许进行任何可验的预测），因此它可能没有帮助我们追踪世界从而服务于我们的目标。这种信念很可能是"垃圾模因"，它们不太可能被抛弃，尽管它们对持有它们的我们几乎没有帮助。没有通过任何反思性测试（可证伪性、一致性等）的模因更有可能是那些只为自己利益服务的模因，也就是说，我们相信这些想法，只是因为它们具有某些能够使它们轻易获得我们作为宿主的属性。

我们也需要更加怀疑我们在生命早期获得的模因，即那些由父母、亲戚和其他孩子传递的模因。这些早期获得的模因的长期存在可能是因为它们避免了对其有用性的有意识的选择性测试。它们没有遭受选择性测试，因为它们是在宿主缺乏反思能力的时候获得的。

如果我们对远端信念多一点怀疑并保持一些距离，它们就不太可能被不恰当地投射为不合理的我侧偏差。模因科学的语言为这种距离函数提供了巨大帮助，它表明信念不是我们选择的所有物，而是与一种我们分离的、需要持续评估的实体。模因概念有助于认知自我分析的一种方式是，通过强调信念的"流行病学"，它将间接向许多人暗示信念的偶然性。

总结和结论

在本章的开头，我展示了政治和社会心理学几个领域的研究人员发现，比起个体差异变量，内容因素是更有力的"预测者"。我侧偏差可能是另一个具备这一特点的心理学领域，即信念本身的属性比被试的个体心理特征（如智力或积极开放的思维）更具预测性。

研究我侧偏差很重要。在一场可以由证据决定的公共政策辩论中，如果双方都以我侧偏差处理新信息，交流的公地悲剧就会出现。在某些情况下，如第二章所述，当人们投射的先验信念是通过对**先前**证据进行合适的评估而得到时，那么在一定程度上将这一先验概率，即局部我侧偏差，投射到新证据上是合理的。然而，当我们在所讨论的问题上缺乏先前的证据时，我们应该使用无差异原则，将我们的先验概率设置为0.50。这样的先验不会影响对新证据的评估；相反，在这种情况下，大多数人倾向于做的是评估所讨论的命题如何与某种远端信念（例如我们的意识形态）相关。设置（H）>0.50，然后将这一先验投射到对新证据的评估上。这就是社会最后会变成政治党派似乎无法就问题的事实达成一致，并且永远无法达到贝叶斯收敛的原因。

在本章中我建议，如果我们重新思考我们与信念的关系，我们至少可能会摆脱交流的公地悲剧。首先，我们如果能意识到我们对自己信念的思考比想象的要少得多，这将对我们有所帮助。事实上，我们持有的远端信念在很大程度上是两件事的函数，即我们所属的有价值的群体中的社会学习的函数，以及我们被某些类型的想法所吸引的先天倾向的函数。一段时间以来，文化的双重继承理论（Richerson & Boyd, 2005, p.80）一直强调，大多数人"感觉可以控制自己的文化，并相信他们的大部分文化都是自己选择的。但事实是，我们的选择往往比我们想象的要少得多"。

当我们认为我们通过思考得到这些信念，并且这些信念正在为我们服务时，我们会将信念视为所有物。模因的视角让我们质疑这两种假设（我们通过思考得到这些信念，它们正在为我们的个人目标服务）。不论模因是否对我们有好处，它们都想要自我复制，并且它们不在乎它们是如何进入宿主的——不论是通过有意识的思考，还是仅仅因为与先天心理倾向的无意识契合。模因理论关注的是信念的属性[16]，而不是持有这些信念的人的心理特征，这一点似乎也与研究结果一致，即前者比后者更能预测我侧偏差程度。

我们经常处于需要校准他人推理的情况下。重要的是，这种校准通常与判断他们表现出的我侧偏差的程度有关。由于第三章和本章讨论的特性，对他人我侧偏差的评估将是最棘手的判断之一。我们看到，在理性思维倾向量表上得分较高的人和那些智力水平较高的人能够更好地避免大多数偏差。但我侧偏差的情况并非如此。预测我侧偏差水平的是信念本身的强度，而不是认知成熟度。信念的方向偶尔也会产生一点影响（Stanovich & West, 2008a; Toner et al., 2013），但通常并不会影响我侧偏差程度（Ditto et al., 2019a）。这种情况对认知精英的我侧偏差评估带来了一个特殊的障碍，他们认为自己比其他人偏差更少的假设的确适用于有关启发式和偏差的文献中的大多数偏差，但这一点并不适用于我侧偏差；而这一事实助长了我们目前令人烦恼的党派政治僵局，我将在本书更具推测性的最后几章中分析这些僵局。

注　释

1. 作家戴维·弗伦奇（David French, 2018）在斯科特·亚历山大（Scott Alexander）的博客"石板之星法典"（Slate Star Codex）中转述了一个想象中的场景：一位自由主义者声称他们是宽容的，因为他们真的喜欢同性恋、黑人、西班牙裔、亚洲人和变性人。然后一位保守派人士问自由主义者："你对同性恋有什么不满？"自由主义者对这个问题感到震惊，并说："我当然不反对同性恋，我不是反同性恋者。"弗伦奇认为，这种交流表明自由主义者误解了什么是宽容。弗伦奇说："你猜怎么着，你没有容忍任何事情。你把宽容误认为是伙伴关系，或者把宽容误认为部落主义。宽容这个词当然意味着有一些东西需要容忍。"弗伦奇的观点是，当没有什么需要忽视的时候，就没有宽容可以行使。弗伦奇认为，这个场景中的自由主义者"利用了他们特定的部落主义范畴的恶习，并将其转化为虚假宽容的错误美德"。

2. 未来的研究将不得不裁定这些不同的可能性，但扎克·戈尔德贝格（Zach Goldberg, 2019）的调查研究分析可能有独到的价值。他发现"白人自由主义者最近成为美国唯一一个表现出亲外群体偏差的人口群体，这意味着在所有接受调查的不同群体中，白人自由主义者是唯一一个表达出对其他种族和民族社区的偏好高于自己的群体"。

3. 行为经济学中的研究使用了相关的隐喻，例如将信念视为资产（Bénabou & Tirole, 2011）或投资（Golman, Hagmann & Loewenstein, 2017），它们具有**直接**效用价值，而不仅仅是具有作为工具演算的一个组成部分的间接价值（Eil & Rao, 2011; Loewenstein, 2006; Sharot & Sunstein, 2020）。这一概念上的转变开启了从沉没成本和禀赋效应等概念角度对信念固着（belief perseverance）的分析。

4. 更具技术性但依然简洁地说，模因一词是指一种文化信息单元，可以理解为，这种命名粗略类似于基因。我更喜欢的定义是模因是"一种大脑控制（或信息）状态，当在另一个大脑中复制时，可能会导致根本上新的行为或思想"（Stanovich, 2004, p.175）。当与来源相似的控制状态被复制在新宿主中时，模因复制就发生了。模因是一个真正的自私复制因子，就像基因一样。与基因一样，我使用"自私"一词，并不是说模因使人自私。相反，我的意思是模因（如基因一样）是按照自己的"利益"行事的复制因子。

5. 应该理解的是，复制因子活动的拟人化描述仅仅是生物学著作中常用的简单隐喻。我将在这里继续使用关于复制因子和基因拥有自己的"利益"的隐喻语言，相信大家可以理解这只是一个简略表达方式。正如布莱克莫尔（1999, p.5）

所指出的，"'基因想要 X'这样的简写总是可以写成'做 X 的基因更有可能被传递"，但是，在进行复杂的论证时，后一种说法变得异常烦琐。因此，我将遵循道金斯（1976, p. 88）的"允许我们在谈论基因时，认为它们拥有有意识的目标，这总让我们可以如愿把草率的语言又翻译回体面的术语"。道金斯（1976, p.278）指出，这是"无害的，除非它碰巧落入那些没有能力理解它的人手中"，然后引用一位哲学家告诫生物学家的话，基因不能是自私的，就像原子不能产生嫉妒一样。我相信，没有读者需要哲学家指出这一点。

6. 这些类别在进化心理学文献（Atran, 1998; Sperber, 1996; Tooby & Cosmides, 1992）、基因／文化协同进化（Cavalli-Sforza & Feldman, 1981; Durham, 1991; Gintis, 2007; Lumsden & Wilson, 1981; Richerson & Boyd, 2005）和模因学文献（Aunger, 2000, 2002; Blackmore, 1999; Boudry & Braeckman, 2011, 2012; Dennett, 1995, 2017; Lynch, 1996）中得到了讨论。

7. "记忆圈"一词是丹尼特（1991, 1995）提出的。关于批判性思维文学如何强调超然技能的例子，见 Baron, 2008; Paul, 1984, 1987; Perkins, 1995; Stanovich, 1999。

8. 布莱克莫尔（2010）此后放弃了她在 2000 年的研究中的立场。

9. 支持文化双重遗传模型的理论家并不总是赞同丹尼特对模因概念的热情，但他们仍然同意他的这一观点：重要的是认识到文化发展的大部分不能用有意识的吸收来解释（见 Richerson & Boyd, 2005）。

10. 自由主义者在人格指标（如大五人格特质）上得分表现更像自由派人士，但他们在道德基础指标上有所不同（见 Haidt, 2012; Iyer et al., 2012；另见 Yilmaz et al., 2020）。我还提醒，社会自由主义和保守主义的心理基础可能不同于经济自由主义和保守主义的心理基础，因为两者通常表现出与标准变量的不同相关性（Baron, 2015; Carl, 2014b; Crawford et al., 2017; Everett, 2013; Federico & Malka, 2018; Feldman & Johnston, 2014; Malka & Soto, 2015; Pennycook & Rand, 2019; Stanovich & Toplak, 2019; Yilmaz & Saribay, 2016; Yilmaz et al., 2020；另见本书第五章）。

11. 例如，雅雷·克劳福德（2014）报告的数据表明，保守派人士对人身安全的威胁更敏感，而自由派人士对感知到的权利威胁更敏感（另见 Federico & Malka, 2018）。克劳福德（2017）后续开发了一个模型（补偿性政治行为模型，compensatory political behavior model），完善了所涉及的概念并综合得出了以下结论：自由派人士和保守派人士受到对其价值观／身份的威胁的影响是相似的，而社会保守派

（而不是经济保守派）人士对躯体威胁更敏感。

12. 在我迄今为止查阅的文献中，一个最常在政治推理研究中观察到的偶尔发现（例如，Kahan et al., 2017; Lupia et al., 2007; Van Boven et al., 2019），即认知复杂性与更多我侧偏差相关联，允许各种各样的解释。它们包括以下论点：信念投射比我们想象的更理性；在认知上更复杂的人知识更丰富，以至于他们的先验信念更有可能是一个实际可验的信念；更老练的人更善于辨别关于群体保护的论点，以及其他我在这里没有空间讨论的论点。

13. 应用理性中心（Center for Applied Rationality, Sabien, 2017）开发的双症结策略（double-crux strategy）与这一建议有相似之处，即在一定程度上弱化我们的信念，使我们更有可能使用基于证据的可验信念而非坚信来制定先验概率。在双症结情况下，有两个人，一个相信 A，另一个相信非 A（命题 A 往往是一个坚信）。双症结策略试图让两个人生成另一组他们不能达成共识的陈述，即一个人相信命题 B 而另一个人相信命题 ~B。二者都必须同意命题 B 支持命题 A，而命题 ~B 支持命题 ~A。关键在于，双方要都同意命题 B 更"具体、有根据、定义明确"，简而言之，双方都同意命题 B 是我所说的更可验的。

14. 正如保罗·丘奇兰德（Paul Churchland, 1989, 1995）所强调

的，先进的认知科学很可能对人们如何检查他们的认知过程并谈论它们产生深远的影响。事实上，过去心理学理解的进步已经产生了这种影响。人们经常谈论内向和外向之类的事情，并使用"短期记忆"等术语来检查自己的认知表现，所有这些自我分析语言工具，在 100 年前都还不存在。重要的是要认识到，我们的心理民间语言在一定程度上是随着科学知识的传播而演变的。

15. 这里的框架与具有非常懒惰的系统 2 的双过程模型平行。这是丹尼尔·卡内曼（Daniel Kahneman, 2011）描述的双过程模型类型——其中大部分系统 2 活动包括合理化（Evans, 2019; Haidt, 2012; Mercier & Sperber, 2011, 2017）由无意识、自主过程做出的决策（Baumard & Boyer, 2013; Stanovich, 2004, 2011; Kraft, Lodge & Taber, 2015; Taber & Lodge, 2016）。

16. 这里所谓的"信念的属性"是指信念是一个可验的信念还是一个坚信，如果是一个坚信，它有多么强烈。此外，某些问题有时会产生不对称的信念，根据积极或消极的效价产生不同程度的我侧偏差（见 Stanovich & West, 2008a; Toner et al., 2013）。

第五章

认知精英的我侧盲点

在第三章中，我回顾了一些证据，表明我侧偏差并没有因为认知复杂水平的提高而减弱——无论是高认知能力还是高理性思维倾向。在第四章中，我们研究了一个理论，解释了为什么认知复杂水平不是对抗我侧偏差的良药：因为这种特殊的偏差并不是由个人心理特征驱动的，而是由后天模因的性质驱动的。

在本章中，我将描述这两个关于我侧偏差的基本事实是如何相互作用，从而让人们对自己的我侧偏差产生一种形式的盲点，这在认知精英中尤为致命。

偏差盲点

偏差盲点是普罗宁、林和罗斯（Pronin, Lin, and Ross, 2002）

在一篇论文中展示的一个重要的元偏差。他们发现，他们的被试认为各种动机偏差在他人身上比在自己身上更普遍，这是一个多次重复的发现（Pronin, 2007; Scopelliti et al., 2015）。偏差在他人的思维中相对容易识别，但在我们自己的判断中往往难以察觉。

偏差盲点本身似乎是我侧偏差的一种形式，它可能植根于一种天真的现实主义，即假设我们自己看待世界的方式是客观的（Keltner & Robinson, 1996; Robinson et al., 1995; Skitka, 2010）。当其他人偏离我们自己的判断时，天真的现实主义者认为差异的唯一来源是其他人的偏差，而不是对证据的其他合理解释。

在两项研究中，我的研究小组（见West, Meserve & Stanovich, 2012）证明，被试对大多数经典认知偏差（如锚定偏差、结果偏差、基线比率忽略等）都存在偏差盲点，认为这些偏差大多数更像别人的特征，而不是他们自己的特征。关于偏差盲点，我们发现盲点和认知成熟度之间存在**正**相关——认知能力更强的人更容易产生偏差盲点。然而，这并不是没有意义的，因为正如第三章所讨论的，除了我侧偏差之外，有关启发式和偏差的文献中的大多数认知偏差都与认知能力呈**负**相关，也就是说，越聪明的人偏差越少。因此，聪明的人说他们比其他人偏差更少是有道理的，因为对大多数偏差来说，他们确实如此。

但我侧偏差为高认知成熟度的人设置了陷阱。对于大多数偏差，他们习惯于认为自己偏差更少——这是正确的。陷阱是，他们可能倾向于认为自己拥有的心理特质（如高智力水平）和大量经验（如受教育经历）让他们能够普遍性地对抗各种偏差思维。在许多思维领域确实如此，但在我侧偏差领域却不是。我侧偏差是无法通过从智力等特质的测量来预测的。事实上，我侧思维可能会导致认知精英出现尤为强烈的偏差盲点。

如果你是一个高智商的人，如果你受过良好的教育，如果你坚定地拥护一种意识形态观点，你会特别容易认为你的观点是来自你自己的思考。你甚至比普通人更难意识到你的信念其实来自你周围的社会群体，因为这些信念与你的气质和先天心理倾向相一致，所以你接受了它们。

事实上，有一群人符合所有这些条件：高智商、高学历、坚定地拥护一种意识形态观点。这群人恰好是研究我侧偏差的社会科学家！他们提供了一个交流的公地悲剧的影响的案例研究。

雪上加霜：研究我侧偏差的学者之偏差

大学教授绝大多数是自由派人士——这一意识形态的不对称分布已经在过去几十年的许多研究中得到证实（Abrams,

2016; Klein & Stern, 2005; Langbert, 2018; Langbert & Stevens, 2020; Rothman et al., 2005; Wright et al., 2019)。这种不对称分布在大学的某些部门和院系中尤其强烈，如人文学科部门、教育学院和社会科学学院。在研究我侧偏差的心理学领域、社会学和政治学领域的相关学科中，这种意识形态的不平衡都很强（Buss & von Hippel, 2018; Cardiff & Klein, 2005; Clark & Winegard, 2020; Duarte et al., 2015; Horowitz et al., 2018; Turner, 2019)。

当然，心理学院中从来没有过意识形态上的平衡。即使在30年或40年前，自由派心理学教授的数量也比保守派心理学教授多——民主党人比共和党人多。但许多研究一致表明，这种不平衡在过去20年中变得更加明显（Duarte et al., 2015; Lukianoff & Haidt, 2018)，这种不平衡如此之明显，以至于将心理学领域描述为一种意识形态上的单一文化也并无不妥。对大学社会科学系的研究表明，58%～66%的教授认为自己是自由派，只有5%～8%的教授认为自己是保守派（Duarte et al., 2015)。心理学系的不平衡甚至更严重，84%的教授认为自己是自由派，只有8%的教授认为自己是保守派。近年来，这种不平衡变得更加明显。1990年，心理学系中自由派人士和保守派人士的比例是4比1——尽管这已经算是强烈的不平衡了，但占比20%的保守派教师多少还是提供了一些多样性。但到2000年，这一比例已经上升至6∶1（Duarte et al., 2015）。到2012年，这一比例攀升到惊人的14∶1。在社会心理学中，经常有超过90%的人认为自己是偏左派的，并在选举中投票给民主党人（Buss & von Hippel, 2018; Ceci & Williams, 2018）。一项对哈佛500名文科和理科教职员工的调查（Bikales & Goodman, 2020）发现，只有不到2%的人认为自己是保守派或非常保守派，相比之下，超过38%的人认为自己非常自由派，近80%的人认为自己是自由派或非常自由派。

诚然，意识形态失衡对心理学的许多领域来说都不算是问题。生理心理学、知觉心理学或关于人类记忆中非常基本的过程的研究不会受到研究者政治偏差的影响。因此，我并不是说心理学的所有研究领域都存在这个问题，而只是说心理学的许多关键领域的确存在这个问题。我们在前面的章节中看到，如果人们在特定问题上的信念与远端政治态度交织在一起，例如在探讨性、道德、贫困的心理影响、家庭结构、犯罪、儿童保育、生产力、婚姻、激励措施、纪律技术、教育实践等问题时，远端意识形态信念会导致对这些问题相关证据的不必要的先验态度投射。正是在这些领域，我们最担心的是研究者的政治意识形态可能会影响他们如何设计研究或如何解释结果。

科学之所以如此成功，并不是因为科学家本身从来没有偏差，而是因为科学家们身处一个相互制衡的体系中。在这个体系中，其他有不同偏差的科学家可以予以批评和纠正。研究者A的偏差可能不会为研究者B所认同，而后者会以怀疑的眼光看待研究者A的结果。同样，当研究者B给出结果时，研究者A往往也会持批评态度，并以怀疑的眼光看待它。

当所有的研究者都有完全相同的偏差时，这种错误检测和交叉检查的科学过程是如何被破坏的应该显而易见，而且这种偏差直接与手头的研究有关。不幸的是，心理学领域似乎正处于这样的境地。研究者群体在政治意识形态上是同质的，因此我们不能保证我们的科学有足够的多样性来客观地处理像上面提到的那些充满政治色彩的话题。

如果心理学家认为有简单的方法来绕过这种同质性，那是错误的。意识形态的单一文化消除了至关重要的批评和交叉检查的社会环境，而批评和交叉检查是进行有效科学研究的必要条件。心理学家很容易认为他们可以单独克服我侧偏差问题——他们可以在从事科学研究的同时抛开自己的意识形态偏好，但一次又一次的研究表明，这是不可能的。具有讽刺意味的是，这种观点本身就表明了偏差盲点的存在。

不过，对于心理学家来说，或许还有一个可能的突破口。可能的情况是，学者们实际上拥有研究我侧偏差的"正确"意识形态。毕竟，几年来，民主党人一直认为他们是"科学之党"，而共和党人是"科学否定者党"（下文将对此进行更多介绍）。也许我们在实验室研究中观察到的我侧偏差程度完全是缘于样本中的共和党人，而不是民主党人。在这种情况下，民主党在大学的社会科学研究部门的单一文化不会妨碍对上述任何主题的研究。唉，我们知道这种极端形式的假设（我们可以称之为"民主党免疫"假设）是不正确的。民主党人在研究中的确表现出了我侧偏差。此外，我们还有一个更弱的假设形式——民主党人**更少地**倾向于我侧偏差——也没有得到研究支持。我们在第三章中提到的彼得·迪托及其同事（Ditto et al., 2019a）的元分析发现，关于社会和政治问题的我侧偏差在意识形态光谱的两端都同样强烈。

简而言之，没有证据表明作为社会科学特征的特定**类型**的意识形态单一文化（自由进步主义）不受我侧偏差的影响。事实上，一些学术认知精英认为他们可以调查自己本身抱有强烈感情的有争议的政治话题而不受我侧偏差影响，而迪托及其同事（2019a）的发现强调了这种想法的危险性。他们的发现表明，学术认知精英的特定意识形态受到的我侧偏差的驱动的程度，并不亚于他们的被试的对立意识形态受到的我侧偏差的驱动的程度。但是由于他们的认知能力和教育背景，社会的认知精英倾向于认为他们对证据的处理不像他们的同胞那样受我侧偏差的驱动。

一系列显著的事实解释了大学教师群体中存在巨大的我

侧偏差盲点。第一部分研究（例如，Clark & Winegard, 2020; Duarte et al., 2015）表明大多数学者持有同一种意识形态。第二部分则是迪托及其同事（2019a）的元分析，表明他们持有的特定意识形态立场同样容易受到我侧偏差的影响。这些学者是认知精英，因为他们在智力测试中具有很高的认知能力，而且他们接受了高水平的正规教育。然而，第三章回顾的研究表明，认知能力和后天教育并不能消除我侧偏差。而且，在第四章中，我们看到几乎没有人——无论是认知精英还是普通人——通过推理得到他们的坚信。相反，精英和非精英思考者在大多数情况下都是非反思性地获得了重要的远端信念。

所有这些发现都表明，认知精英有可能携带一种特别致命的我侧偏差盲点。大学里充斥着一群社会学家，他们相信自己**通过思考**得到了自己的立场，而他们的意识形态对手却没有，并且这群社会科学家中缺乏意识形态的多样性，因此无法通过这种多样性来帮助他们在研究结论中找出我侧偏差。在研究政治对手的心理时，学术界的我侧偏差盲点是灾难的根源。这一点最明显的莫过于他们竭尽所能地试图证明自由主义思想的政治对手在某种程度上存在认知缺陷。

探索保守派人士的认知缺陷

长期以来，绝大多数左翼/自由派教授一直在寻找政治对手的心理缺陷，但这些努力的强度在过去20年中显著增加。被大量引用的约斯特及其同事的（Jost et al., 2003）文献综述重新提出了现代社会和政治心理学中的"右翼的僵化"主题，为将保守主义与独裁思想联系起来的经典心理学著作（Adorno et al., 1950; Altemeyer, 1981）注入了新的活力。在约斯特及其同事（2003）综述之后的几年里，我们经常在文献中发现，保守主义与不宽容、偏见、低智力、封闭的思维方式以及几乎任何不受欢迎的认知和人格特征之间存在许多关联。

问题在于，当使用不同于早期研究意识形态假设的框架来验证这些结论时，这些相关性大多数都没有禁受住检验。一旦研究框架的重要特征发生变化，相关性要么被严重削弱，要么完全消失（见Reyna, 2018）。例如，在第四章中，我讨论了约翰·钱伯斯、巴里·施伦克尔和布赖恩·科利森（2013）的工作，他们证明跨群体的宽容、偏见和温暖并不是主体意识形态的函数，而更多的是目标群体的价值观与主体价值观匹配或不匹配的程度的函数。自由派被试和保守派被试有相同的不宽容的反应，表现出相同的外群体排斥——只是他们会对不同的群体表现出这些反应。

在一项调查了近5000个美国代表性样本的后续研究中，马克·勃兰特（Mark Brandt, 2017）指出目标群体的意识形态是主体与目标群体意识形态关系/偏见关系的主要预测因素。自由主义意识形态与对LGBT人群、无神论者、移民和女性的积极态度呈正相关，但与对基督徒、富人、男性和白人的积极态度呈负相关。偏见发生在意识形态光谱的两侧，但它倾向于针对不同的目标群体（Brandt & Crawford, 2019; Crawford & Brandt, 2020）。例如，雅雷·克劳福德（Jarret Crawford, 2014）发现，保守派被试对枪支管制、支持堕胎和同性婚姻倡导者的政治排斥与自由派被试对支持枪支权利、反堕胎和反同性婚姻倡导者的政治排斥程度相当。也就是说，两个团体有同样的可能性反对对方的组织、集会和信息传播。

所有这些结果表明，不论自由派人士还是保守派人士都不是**普遍性**表现为不宽容或有偏见的。相反，用诺厄·哈拉里（Noah Harari, 2018）的术语来说，他们是"文化主义者"（culturist），他们对目标群体表现出亲和还是厌恶取决于他们是否与对方共享文化价值观（Goldberg, 2018; Haidt, 2016; Kaufmann, 2019）。尽管在美国，人们很少公开表达种族主义，但人们会经常表现出强烈的文化主义。而且，正如哈拉里（2018）所说，我们还不甚清楚文化主义是不是一种道德缺失。

在一些相关研究中误导性地使用了所谓的"感觉温度计"

（feeling thermometers），也助长了"右翼的僵化"（rigidity of the right）叙事（Regenweter, Hsu & Kuklinski, 2019; Brandt, 2017; Correll et al., 2010）。在"感觉温度计"这种研究工具中，群体被评为从0（冷/不喜欢）到100（暖/喜欢）的等级，然后评级被反向编码，更高的得分表明了"偏见"的等级。很明显这里可以看出有滥用的可能性。当报告这些量表得出的发现时，比如"心理特征X与对群体Y的偏见相关"，这并不意味着X值低的人对群体Y有**任何**偏见，只是意味着心理特征X值低的人对群体Y的评价低于心理特征X值高的人。得分低和得分高的人可能都对群体Y的态度非常好，只是得分低的人被贴上了"更有偏见"的标签。克里斯蒂娜·雷纳（Christine Reyna, 2018）称之为"高/低谬误"——将样本分成两半的趋势，将其中一组叫作高水平组，另一组叫作低水平组，而不管两组在量表中达到的绝对水平。这使得许多研究人员能够给一组被试贴上高偏见的标签，尽管他们在量表上的绝对分数显现出很少的反感。当一个被贴上"高偏见"标签的组恰好也在意识形态保守主义指数上得分显著更高时，调查人员就这样创造了一个"点击诱导"（clickbait）的结论——"保守主义者有较高的种族主义倾向"。

这种伎俩经常被用来给保守派贴上偏见的标签。在第四章中，我讨论了赖利·卡尼和瑞安·伊诺斯（2019）的研究，他们发现，一些观察到的相关性之所以出现，是因为自由派被试对黑人比对白人表现出更多的同情。在他们的研究中，保守派被试在黑人或白人作为目标群体时表现出相近的得分。他们的结果支持克里斯蒂娜·雷纳（2018）的观点，即社会心理学文献中的许多量表并没有衡量保守派人士对少数群体的偏见、怨恨或反感，而是衡量了自由派人士对少数群体的特殊同情。它们不是保守派压迫态度的标志，而是自由派超平等主义的指标（al-Gharbi, 2018; Edsall, 2018; Goldberg, 2019; Uhlmann et al., 2009）。

一些种族主义量表包含的条目基本上将保守的社会观点等同于偏见，因此对这些量表的使用推动了许多旨在将保守主义与种族主义联系起来的研究。被使用的许多不同量表都包含关于政策问题的条目，如平权行动、预防犯罪、用校车接送制度实现学校融合，或对福利改革的态度。在平权行动或校车接送制度等相关政策上存在合理分歧的人，或者那些表示自己关心犯罪的人，几乎总是会得到在这些量表上被归为"种族主义"的分数（Reyna, 2018; Snyderman & Tetlock, 1986; Tetlock, 1994）。即使仅仅支持"努力工作会给许多美国人带来成功"的观点，也会在"象征性种族主义"量表上获得更高的分数（Carney & Enos, 2019; Reyna, 2018）。在这些研究中，心理学家公开的意识形态偏差对任何中立观察者来说都是显而易见的。显然，这些研究的目的似乎是将任何不坚持正统自由主义观念的人贴上种族主义标签。

贾森·威登和罗伯特·库尔兹班（Jason Weeden & Robert Kurzban, 2014）将这种把条目嵌入新量表的倾向称为DERP综合征：直接解释重命名心理学综合征（Direct Explanation Renaming Psychology syndrome），这些条目评估了研究人员希望与新量表相关联的概念。这种症状在种族主义研究中无处不在。心理学家想调查保守主义是否与种族主义有关。他们想调查这一点是因为，实际上，他们认为是有关的。然后，他们利用保守世界观（只要努力工作，任何人都可以在美国取得成功；美国对非裔美国人的歧视比以前少得多；等等）构建了种族主义量表条目。然后，他们将这个量表与自我报告的自由主义/保守主义水平做相关分析，看，他们预期的方向是存在相关性的！但从根本上说，他们关联了一个部分包含保守信念的量表，称保守信念为"种族主义"，然后借此报告了一个种族主义与保守主义相关的经验发现——这是DERP综合征的一个完美例子。

这种使用偏向自由主义政策立场的条目的倾向并不仅限于对偏见和种族主义的研究。比如乔斯·杜瓦蒂及其同事（José Duarte et al., 2015, 4）探讨过一项试图将保守的世界观与"对环境现实的否认"联系起来的研究。被试被呈现了以下条目："如果事情继续按目前的方向发展，我们将很快经历一场重大的环境灾难。"如果被试不同意这一说法，他们就被评为"否认环境现实"。但正如杜瓦蒂及其同事（2015）指出的那样，"否认"

（denial）一词意味着被否认的对象是一个描述性的事实。然而，在条目的陈述中，如果没有明确描述"很快""重大"或者"灾难"的具体含义，那么这一陈述本身就不算事实。因此，给一组被试贴上"科学否认者"的标签，只不过反映了该研究作者的意识形态偏差。

这种将自由主义反应与"正确"反应（或伦理反应、公平反应、科学反应、思想开放的反应）混为一谈的趋势在社会心理学和人格心理学的某些领域尤为普遍。它通常采取的形式是将任何与自由主义之间存在的合理政策差异称为"教条主义""独裁主义""种族主义""偏见"或"否认科学"。20多年来，所谓的性别歧视量表中的条目经历了这样的"概念蔓延"（Haslam, 2016），试图将正常的男性行为标记为心理伤害。现在有一种形式的性别歧视（被称为善意性别歧视），如果一个人认可以下条目，就会增加他的性别歧视分数：女性应该受到男性的珍惜和保护；没有女性，男性是不完整的；女性应该在灾难中首先被拯救；女性比男性更优雅；女性有特殊的道德敏感性；男性应该做出一定牺牲，以便在经济上为女性的生活提供帮助（Glick & Fiske, 1996）。这些实验一致发现，女性被试不认为支持这些条目的男性对女性有偏见（Gul and Kupfer, 2019），而且女性被试认为支持这些条目的男性更"可爱"、更"有吸引力"。

简言之，许多将保守态度与负面的心理标签（种族主义、性别歧视、否认科学、不宽容或偏见）联系起来的研究，一旦援引最标准、最平凡的科学原则——一系列不能保证研究者想要证明的结论的原则，包括聚合效度、替代解释的检验、对量表变量的准确标签和操作性定义等，这些结论就不再站得住脚。不过，的确有一些其他研究将有负面的心理特征与保守的意识形态联系了起来，并且这些研究结论不那么容易被忽视。

长期以来的研究发现，保守主义与智力呈负相关，尽管其程度相当有限。在埃玛·昂雷特及其同事（Emma Onraet et al., 2015）进行的一项元分析中，保守主义和各种智力指标之间的相关性为−0.13。此外，文献中有迹象表明，尤其是社会保守主义与智力呈负相关。如果说有什么例外，那就是经济保守主义或自由意志主义似乎与认知能力呈正相关（Federico & Malka, 2018; Kemmelmeier, 2008; Oskarsson et al., 2015）。诺厄·卡尔（Noah Carl, 2014b）发现社会保守主义和综合智力测量之间存在0.26的负相关，但观察到经济保守主义和综合智力测量之间存在0.21的正相关。这一发现与其他研究结果一致，表明尽管社会保守主义与许多理想的认知/人格特征呈负相关，但经济保守主义往往会表现出正相关。例如，诺厄·卡尔、内森·科夫纳斯和迈克尔·伍德利−梅尼（Noah Carl, Nathan Cofnas & Michael Woodley of Menie, 2016）发现社会保守主义与科学素养和依赖科学证据的倾向呈负相关，但经济保守主义与科学素养和依赖科学证据的倾向呈正相关。布赖恩·卡普兰和斯特芬·米勒（Brian Caplan & Stephen Miller, 2010）将他们的研究专门集中在经济保守主义上，并发现其与智力呈正相关。

卡尔（2014a, 2014b）通过一些研究和在一些认知能力测量方式中发现，认定自己为共和党的选民的智力测试分数比认定自己为民主党的选民高1～4分。由于采用了大样本量，这种差异具有统计学意义。约阿夫·甘扎克（Yoav Ganzach, 2016）引入种族作为额外的协变量重新分析了卡尔（2014b）的数据，然后用一个新的数据集做了同样的分析，发现共和党和民主党的智商几乎没有差异。他们的研究一致表明智力差异本质上与政党认同无关。[1]

使用前文讨论的"感觉温度计"方法，约阿夫·甘扎克、雅尼夫·哈诺赫和贝姬·霍马（Yoav Ganzach, Yaniv Hanoch & Becky Choma, 2019）研究了ANES数据库中大量被试给出的关于2012年和2016年总统选举候选人的好感度评级。智力与奥巴马和希拉里·克林顿（民主党）的好感度评级之间的相关性为-0.17和-0.03，智力与罗姆尼和特朗普（共和党）的好感度评级之间的相关性为0.08和-0.08。因此，智力与民主党候选人的好感度评级的相关性并没有超过智力与共和党候选人的好感度评级的相关性。

关于智力和意识形态之间关系的大量且不断增长的文献现

在就很容易归纳了。似乎没有任何证据表明共和党人不如民主党人聪明。当意识形态直接用自我报告量表来衡量时，社会保守主义和经济保守主义的结果是不同的（Federico & Malka, 2018），前者往往与智力呈负相关，而后者呈正相关。不区分这两者的研究最终测量的就会是关于自由主义/保守主义的、社会和经济问题的未知混合体（Feldman & Johnston, 2014）。诸如此类令人困惑的测量虽然显示出与保守主义的负相关，但相关性微乎其微。[2] 学术研究者希望证明他们的政治对手不如他们的政治盟友聪明，可尽管他们认为政治对手显然存在某种认知缺陷，但他们却未能找到这种缺陷。

另外，保守主义者的任何心理缺陷可能不在认知能力领域，而在行为/思维倾向领域。在第四章中，我们讨论了一项研究，表明在大五人格特质测试中，自由主义者在开放性这一人格维度上往往比保守主义者得分高，而在尽责性维度上往往得分低。这些趋势令自由主义者感到欣慰，因为如果必须选择，他们中的大多数人宁愿被认为思想开放而非尽责。然而，重要的是要理解性格在一个完整的理性思维模型中的位置（详见Stanovich, West & Toplak, 2016）。开放性、灵活思维、尽责性等思维倾向是理性思维**背后**的心理机制。最大化这些倾向并不是理性思维本身的标准，理性的标准涉及通过明智的决策和优化信念与证据的契合度来实现目标的最大化。反思性思维的思维倾向是实现这些目标的一种手段。

当然，高水平的此类已被研究过的品质，如积极开放的思维、信念灵活性、认知需求、审慎和尽责等，的确是理性思维和行动所需的条件。但"高水平"并不一定意味着最高水平就是最佳的。因此最大化审慎维度，可能会导致人们迷失在没完没了的思考中，永远不会做出决定。同样，最大化信念灵活性的品质，最终可能导致病态的不稳定人格。虽然在智力测试中得分较高的被试显然在认知上更胜一筹，但当在开放性或尽责性等思维倾向上有不同的得分时，很难立即厘清得分更高的被试是否有更优的心理构成。

在解释类似于自由主义和开放性的相关关系的发现时，另一个问题是，这一发现在某种程度上体现了DERP综合征（Weeden & Kurzban, 2014）。埃文·查尼（Evan Charney, 2015）指出，在经常被使用的修订版NEO人格量表（Revised NEO Personality Inventory, NEO-PI-R; Costa & McCrae, 1992）中，一些关于经验开放性这一特质的条目是如何要求被试具有自由主义的政治亲和力，以获得高分的。例如"我相信我们应该在道德问题上做决定时寻求我们的宗教权威的意见"，这一条目显然是为了探究个人是否倾向于依赖权威来决定道德信念。但是，被试为了高分不得不忽略的特定权威是宗教权威，却没有相应的条目来测试被试是否同样依赖世俗权威。依赖神学家的道德指导比依赖大学里的"生物伦理学家"更思想封闭吗？对自由派被试来说，答案是肯定的，但对被试来说，这个条目似乎暗示了潜伏在量表背后的DERP综合征。查尼（2015）指出，另一个条目，"我相信其他社会的人对是非的不同观念可能对他们来说是合适的"，要获得高开放性得分，似乎需要认可一种成熟的道德相对主义。然而，这种强烈的道德相对主义只存在于政治左翼。因此，该条目建立在开放性和自由主义之间的相关性之上。

一种与意识形态最相关的思维倾向是积极开放思维（AOT），它最初由巴伦（1985，1988）概念化，随后由几个研究小组以基本重叠的方式进行了操作化（Baron, 2019; Haran et al., 2013; Sá et al., 1999; Stanovich & Toplak, 2019; Stanovich & West, 1997, 2007）。正如斯坦诺维奇和托普拉克（2019）所讨论的，一种特定类型的条目（称为"信念修正条目"）往往会放大AOT量表和宗教信仰之间的相关性，因为它需要从有宗教信仰的被试那里获得更多的认知分离（信念修正），而不是从没有宗教信仰的被试那里。退一步讲，信念修正条目也对有保守思想的被试不利。然而，即使AOT量表没有包含任何有问题的信念修正条目，它也显示出自由主义与积极开放思维在0.20~0.30的显著相关性（Stanovich & Toplak, 2019）。

这些结果似乎表明，自由主义者在应该与我侧思维直接相关的关键思维倾向上更胜一筹。积极开放思维的概念性和操作性定义表现出以下倾向：寻找和处理那些否定先验信念的信息；有充分理由的行动；容忍模糊性；表现出推迟下结论以收集更多信息的意愿（Stanovich & Toplak, 2019; Stanovich & West, 2007）。所有这些倾向似乎都是避免我侧偏差的理想认知倾向。

可问题在于，实证研究的发现并不支持这种"积极开放思维减少我侧偏差"的叙事。相反，罗宾·麦克弗森和我（Macpherson & Stanovich, 2007）发现，不论在论点生成任务还是证据评估任务中，积极开放思维与我侧偏差都不存在显著相关。我和理查德·韦斯特（Stanovich & West, 2007）调查了四种所谓的自然主义我侧偏差效应：吸烟者不太可能承认二手烟对健康的负面影响；被试喝酒越多，他们就越不可能承认饮酒的健康风险；宗教信仰较强的人比宗教信仰较弱的人更有可能认为宗教信仰使人诚实；女性更有可能认为女性的薪酬不公平。然而，我们发现，尽管样本量很大（超过1000个被试），但积极开放思维仅与其中一个效应存在显著相关并且只解释了不到1%的方差。

丹·卡亨和乔纳森·科尔宾（Kahan & Corbin, 2016）发现了积极开放思维分数和我侧思维之间的相互作用，但这种相互作用的方向与预期相反。积极开放思维分数高的保守派人士和自由派人士对气候变化的看法，比积极开放思维分数低的保守派人士和自由派人士存在更大的分歧。尼尔·斯滕豪斯及其同事（Neil Stenhouse et al., 2018）发现积极开放思维和气候变化态度的意识形态差异之间没有显著的相关性。虽然没有复制卡亨和科尔宾（2016）观察到的相互作用，但斯滕豪斯及其同事（2018）的结果与卡亨和科尔宾（2016）、麦克弗森、斯坦诺维奇以及韦斯特的结果（Macpherson & Stanovich, 2007; Stanovich & West, 2007）一致指出，没有证据表明较高的积极开放思维分数会减弱我侧思维的倾向。

在一项后续研究中，阿普丽尔·艾希迈尔和尼尔·斯滕豪斯（Eichmeier & Stenhouse, 2019）发现积极开放思维分数和政党认同之间存在显著相关性。然而，当使用论点评估范式时，他们没有发现积极开放思维分数与论点强度评级中观察到的我侧偏差有关的迹象。因此，斯滕豪斯实验室（Eichmeier & Stenhouse, 2019; Stenhouse et al., 2018）的发现与斯坦诺维奇实验室（Macpherson & Stanovich, 2007; Stanovich & Toplak, 2019; Stanovich & West, 2007）的发现完全相符，二者都发现积极开放思维分数与意识形态/党派偏差存在0.20～0.30的相关性，但两个实验室都没有发现积极开放思维本身预测我侧偏差规避的迹象。

当我们回顾过去20年来试图寻找保守意识形态和消极认知/

人格心理特征之间联系的研究时，我们会对这些尝试的低成功率感到震惊，尽管研究者为之付出了大量努力（就研究数量而言）。有大量研究发现保守主义和偏见测量之间存在显著的相关性，但这些文献中的大部分都受到了质疑，因为它们没有控制被试与目标刺激之间的价值冲突（Brandt & Crawford, 2019; Chambers et al., 2013; Crawford & Brandt, 2020）。

一些与意识形态相关的心理特征很难解释，因为它们与最优性呈倒U型关系。性格特征，如开放性和责任心就属于这类心理特征。当使用无偏量表（unbiased scale）时，积极开放思维分数和保守主义之间均存在0.20到0.30的负相关。尽管保守派人士的积极开放思维分数较低，但他们并没有比自由派人士表现出更多的我侧偏差效应。

心理学家的一个反复出现的习惯是，将保守主义纳入对教条主义和威权主义等负面特征的衡量中，然后将保守主义和这些负面特征之间的关联呈现为新的独立发现（Conway et al., 2016; Conway et al., 2018; Snyderman & Tetlock, 1986; Ray, 1983, 1988; Reyna, 2018）。事实上，卢西恩·吉迪恩·康韦及其同事（Lucian Gideon Conway et al., 2016, 2018）已经表明，通过采用常用的量表，以及将自由主义纳入消极特征，可以做到**相反**的事情，如发现自由主义与威权主义等负面特征之间的关联。

康韦及其同事（2018）设计了一个自由派人士得分高于保守派人士的威权主义量表。他们只是在那些对保守派不利的原有条目中，将对保守派不利的内容术语替换成了对自由派不利的内容术语。例如，原有条目"如果我们尊重前人的方式，按照权威告诉我们的去做，摆脱正在毁掉一切的'烂苹果'，我们的国家就会伟大"被改为"如果我们尊重进步的思维方式，按照最好的自由派权威告诉我们的去做，摆脱正在毁掉一切的宗教和保守的'烂苹果'，我们的国家就会伟大"；量表中的其他条目也按类似的方式进行改动。现在，有了这些新的条目，自由主义者在"威权主义"上得分更高，其原因与使旧量表与保守主义相关联的原因相同：新量表的内容专门针对自由主义者的观点。康韦及其同事（2016）表明，用教条主义量表也可以做到同样的事情。

令人尴尬的是，该领域花了几十年时间才认识到康韦及其同事所使用的这种明显控制的必要性。菲利普·泰特洛克（Philip Tetlock, 1986, p.825）在30多年前就敦促该领域进行这些控制："对这种'意识形态×问题'相互作用的系统研究应该是未来关于这一主题的实验室和档案学研究的主要目标。"花了这么长时间才意识到这个问题，这一事实本身就可以被视为已得到充分讨论的心理学意识形态单一文化的一个指标（例如，Clark & Winegard, 2020; Duarte et al., 2015）。事实上，我自己也有这种尴尬。我花了20多年的时间才意识到，我早期积极开放思维量表中的信念修正条目可能对有宗教信仰的被试有偏差（见Stanovich & Toplak, 2019）。即使过了这么长时间，我也没有自发地产生这个想法，直到我观察到20年前我在自己的实验室发明的这些条目却导致一些文献中出现巨大的0.70的相关性时，我才意识到问题所在。

认知精英的有害兴趣

尽管试图将保守主义与负面心理特征联系起来的心理学研究收效甚微，但2016年令人惊讶的美国总统选举结果放大了寻找这种关系的动力。特朗普的胜选增加了认知精英中的我侧偏差盲点，因为这似乎让他们更加确定他们的政治对手在认知上存在缺陷。

2016年9月，我与同事理查德·韦斯特和玛吉·托普拉克合作出版了一本名为《理商》(*The Rationality Quotient*, Stanovich, West & Toplak, 2016)的书。在书中，我们介绍了我们试图创造的第一个全面的理性思维测试。因为这本书在很大程度上是一本学术著作，所以我们期望我们的学术同行参与它的统计和技术细节，而在此书出版后他们也的确参与进来了。

但随后，2016年11月8日的美国总统选举介入了其中。

　　我收到的电子邮件的性质突然改变了。我开始收到许多含有黑色幽默或直白讽刺的邮件，比如"哇，你**现在**肯定有很多东西要研究"或者"我们**现在**肯定需要你的测试，不是吗？"。其中许多邮件都暗示我现在有了一个可以研究的完美群体——特朗普选民，在邮件发送者眼中他们显然是不理性的。

　　选举结束后，我还收到了许多演讲邀请。其中几份邀请带有微妙（有时不那么微妙）的暗示，即我肯定会想就对国家做了如此可怕事情的选民的错误理性思维发表评论——当然，是在进行专业技术演讲之后。我被邀请参加的一场欧洲会议的主题是试图理解特朗普选民以及英国脱欧选民明显有缺陷的思想。冗长的会议章程清楚地假设，每个受过教育的人都会认为任何反对全球化的行为显然都是非理性的。我作为一种理性思维测试的作者，被视为是能用科学认可这一结论的理想人选。同样坚持的还有朋友和亲人，他们认为我是证实他们观点的最佳人选，即大量投票给特朗普的人在思维上是非理性的。

　　我的通信者们当然反映了欧洲和美国认知精英的普遍观点——心理有缺陷和无知的选民支持了刚刚发生的灾难性结果，而这些结果恰好与受过高等教育的人的观点相冲突（Fuller，2019）。当然，在2016年美国大选之后，高质量出版物，从《大西洋月刊》（*The Atlantic*, Serwer, 2017）到《新共和》（*The New Republic*, Heer, 2016）再到《华尔街日报》（*The Wall Street*

Journal, Stephens, 2016），几乎无一例外地将特朗普选民无情地描绘成种族主义、性别歧视和仇外的。在《外交政策》(*Foreign Policy*)杂志上，贾森·布伦南(Jason Brennan, 2016)告诉我们"特朗普将他的胜利归功于无知的人"，而他的胜利是由于"傻瓜的舞蹈"。这种议题有时会被赤裸裸地展示出来，例如詹姆斯·特劳布(James Traub, 2016)的一篇文章题为"精英们是时候站起来对抗无知的群众了"。在英国，精英媒体对英国脱欧选民的描述基本类似(见Fuller, 2019)。

尽管认知精英们的感受几乎一致，但上一节所讨论的结果似乎让我们没有理由认为，支持特朗普的普通选民比支持克林顿的普通选民更不理性。理性思维倾向和智力是促进理性思维的潜在认知过程。然而，我们刚刚看到，基本智力、个性和思维倾向这一方面，与意识形态、不同党派这一方面之间不存在或只存在非常小的相关性，这也意味着特朗普和克林顿选民之间不太可能存在理性差异。事实上，正如我们即将看到的，不论从认知科学理论还是实证数据的角度来看，实际上很难认为在任何选举的选民之间存在理性差异，包括2016年的选举。

当我们谈论特朗普的选民时，首先要理解的是，他们中的绝大多数是前一次选举中支持罗姆尼的选民，也是再前一次选举中支持麦凯恩的选民。从统计数据来看，大多数特朗普选民是标准的共和党人。一些分析，如甘扎克、哈诺赫和霍马

（Ganzach, Hanoch & Choma, 2019）试图分析是否存在超越党派关系的不同的特朗普选民，但重要的是要认识到，诸如此类的分析只是分离出了一小部分边缘选民进行分析（al-Gharbi, 2018）。在选举团中，那些可能在选举中支持特朗普的一小部分人与更大的实体"特朗普选民"不同。[3]因此，当（像我的联络者们一样）指控特朗普选民不理性（或者他们是种族主义者或可悲的）时，这一指控实际上意味着，罗姆尼选民和麦凯恩选民也是不理性的。因此，当我分析下面关于理性的证据时，我将使用同样关注党派和意识形态的研究，因为它与严格基于2016年特朗普和克林顿选民的那些比较有90%的重叠。第二点需要注意的是，我的重点是不同类型选民（克林顿选民对特朗普选民）之间的**比较**，而不是选民理性的**绝对水平**这样一个更具全局性、更大、更困难的问题。[4]

我将首先讨论工具理性（做什么）的问题，然后转向认知理性（什么是真的）的问题。认知科学家使用的工具理性模型是一个人根据哪个选项具有最大的预期效用来选择选项。然而，"效用"这个术语是一个模糊的词。正如认知科学家与决策理论家所使用的那样，这个术语并不是指其"有用性"（usefulness）的字面意义。在决策理论中，特别是在理性选择理论中，效用指的是人们实现目标时积累的好处。然而，对于选民理性的讨论来说，更重要的是，在理性选择理论中，效用与价值（worth）或期许（desirability）的关系比与快乐或金钱价值的关系更密切。例如，人们通过持有和表达特定的信仰和价值观来获得效用。没有意识到这一点是对投票行为的许多误解的根源。

当一个人行动时，他的需求和欲望就以偏好的形式表现出来。在"需求或欲望是什么"这一问题上，决策理论实际上是中性的。倾向于强调金钱或物质财富的是公众，而不是决策理论家。决策理论家和理性选择理论家非常乐意将寻求社会声望的非物质目标称为具有效用价值的欲望。并不是每个目标都必须狭义地反映严格的自我利益才具有效用价值。我们完全可以把让其他人实现**他们的**目标作为**我们的**目标——这对**我们**来说可能具有效用价值。激励人们的许多目标既不利己也不物质，比如为子孙后代保护环境。

在许多声称特朗普选民不理性的说法背后，是一类对理性选择理论过于简化的看法。民主党的批评者常常抱怨特朗普选民，说特朗普选民是在投票反对他们自己的利益。10年前，这类抱怨是托马斯·弗兰克（Thomas Frank, 2004）畅销书的主题：《堪萨斯怎么了？》（*What's the Matter with Kansas?*），从那以后，这种情况经常出现。这种想法是，那些投票给共和党的低收入人群是在投票反对自己的利益，因为如果他们投票给民主党，他们将获得更多的政府福利。许多批评都包含这样的假设，即要成为理性的人，那么人的偏好必须是利己的，且人的主要欲望是金钱。但是，我刚刚讨论了理性选择理论其实并不包含这样的假设，因此仅基于这一点，声称这些反对自己的金钱利益的选民是不理性的是没有根据的。

自由主义者似乎从未意识到这种对工薪阶层共和党选民的批评不仅是错误的，而且非常侮辱人。他们看不到侮辱性，恰恰说明了他们在评估特朗普选民的理性时犯了什么错误。想想这些类似于"堪萨斯怎么了？"的批评是由受过高等教育的专家、教授和意见领袖撰写的。也许我们应该问他们中的一个人，他们自己的投票是否纯粹为了自我利益和自己的金钱利益。当然，他们会说不，而且他们也会否认他们的投票是非理性的。他们会说为了利于**他人**，他们经常投票反对自己的金钱利益，或者他们会说他们的投票反映了他们的价值观和世界观——他们关心世界观所涵盖的更大问题（堕胎立法、气候变化或枪支管制）。他们似乎从未想过共和党选民可能也同样执着于**自己**的价值观和世界观。对于那些写出"堪萨斯怎么了？"的论点的、受教育的自由主义者，他们的立场似乎是："其他人都不应该投票反对他们的金钱利益，但**我**这样做并不是不合理的，因为我是开明的。"

"堪萨斯论点"中隐含的侮辱性往往没有得到承认，它代表了一种形式的我侧偏差。例如，为非营利组织工作的自由派人士做出选择是基于他们的价值观而不是金钱奖励。同样，参军的保守派人士做出选择也是基于他们的价值观而不是金钱奖励。"堪萨斯怎么了？"的论点似乎忽视或否认了这种对称性。许多收入微薄的共和党选民投票是为了帮助他人，而不是为了自己的金钱利益——就像那些认为共和党这种行为令人费解的自由民主党人一样。所以，不管是弗兰克书中的堪萨斯选民还是特朗普选民都没有投票反对他们的利益，因为这些利益被广泛且正确地定义。即使部分"堪萨斯批评"是正确的（他们投票反对他们纯粹的经济利益），这些选民也不一定是非理性的，因为他们可能为了表达自己的价值观或世界观而牺牲金钱利益。

但气质、性格和是否适合担任公职这些方面呢？民主党人可能会说，如果气质、性格和是否适合担任公职是有意义的，那么投票给特朗普肯定是不合理的。但从理性的角度来看，这一论点并不是一个特别好的想法。人们应该如何在投票选择中权衡气质、性格和是否适合担任公职与世界观，根本不是不言而喻的。这在2016年总统选举中尤其如此，两位候选人在世界观方面存在着不寻常的分歧。在那次选举中，希拉里·克林顿在演讲中向选民表示，她会作为全球问题（气候变化和全球气候协议、接纳更多难民、对非公民的权利和保护），以及民主党青睐的身份群体（LGBT群体、非裔美国人、西班牙裔美国人等）的代表，我称其为代表了全球和集团视角（Global and Groups perspective, GG）。而特朗普在演讲中向选民表示，他会作为国家（"让美国再次伟大"），以及公民的国家层面的利益而非群体利益（反对对美国工人不利的贸易协议、保护国家边界）的代表，我称其为代表了国家和公民视角（Country and Citizen perspective, CC）。[5]

克林顿和特朗普比其他任何候选人组合都更尖锐地划分了这些世界观。伯尼·桑德斯（Bernie Sanders）通过反对一些贸易协议淡化了GG的立场，因为这让他不像克林顿那样是全球主义者[6]，而且桑德斯也不太重视民主党身份群体。类似地，杰布·布什（Jeb Bush）或马尔科·卢比奥（Marco Rubio）作为共和党候选人也会淡化CC的立场，因为他们关切全球贸易协议，并争取民主党人青睐的特定身份群体的选民（特别是西班牙裔选民）。克林顿和特朗普以更纯粹的形式代表了GG和CC的世界观。因此，对于共和党选民或持CC世界观的独立选民来说，问题是如何权衡气质、性格和是否适合担任公职与世界观。因为没有办法确定怎样的这些因素（气质、性格、是否适合担任公职和世界观）的权重对给定的人来说是最佳的，所以不能说选择世界观而不考虑气质、性格、是否适合担任公职的选民是非理性的。

对于那些对我的结论持异议的民主党朋友，我在2017年为《奎莱特》(*Quillette*)杂志写的一篇文章中提出了一个思想实验。我提议我们设想这样一个情景：总统选举的候选人是共和党的特德·克鲁兹(Ted Cruz)和民主党的阿尔·夏普顿(Al Sharpton)。现在是持GG世界观的候选人分别具有性格和适合担任公职的问题。你会投票给谁？

当我成功地迫使民主党人对这场想象中的选举做出回应时，相当多的人承认他们会投票给夏普顿。[7]在他们的世界观的前提下，他们引用非常理性的事情来证明自己的选择：他们担心最高法院的任命、堕胎和枪支管制立法。民主党人为自己的选择辩护的方式与特朗普选民避免以气质、性格和是否适合担任公职为由取消他的资格时的方式如出一辙。特朗普选民担心开放边境和鼓励城市无视联邦移民法等问题——他们担心他们的CC世界观受到威胁，就像假设的夏普顿选民担心他们的GG世界观受到威胁一样。理性选择理论的计算不够精确，无法在像总统投票这样抽象和多维的事情中决定个人气质、性格和世界观的特定权重。在选择夏普顿而非克鲁兹之后，很少有民主党人会认为自己不理性。但是，同样，当那些持相反世界观的人投票给特朗普而不是克林顿时，他们也是理性的。

如果你对特朗普选民特别反感，此刻你可能仍然觉得，他们还有其他深层的问题，而在我对工具理性的讨论中没有涉及这些问题。你可能会觉得特朗普选民在知识领域上有问题：他们了解得不够多，或者他们似乎被误导了，或者他们似乎不听证据。你是对的，还有其他值得评估的东西，即涵盖了这些额外关注点的理性的另一个方面：认知理性。

然而，对特朗普选民的认知层面的担忧也并非个例，因为一段时间以来，民主党人长期指控共和党人的认知不理性。一直有媒体报道批评不接受气候科学或进化生物学结论的保守派共和党人，自由派民主党人——就像我们所有人一样——早已习惯了这样的报道。当然，这些媒体报道的确是正确的。人类活动在气候变化中的作用是公认的科学，而进化是一个生物学事实。因此，我们很容易说：嗯，民主党人对气候科学的理解是正确的，共和党人是错误的；民主党人对进化的理解是正确的，保守的共和党人是错误的。因此，我们自由民主党人在政治争端中出现的所有其他敏感话题上，比如犯罪、移民、贫困、养育子女、性等，都是实事求是的。这种论点本质上是声称民主党人在认识论上比共和党人更理性。

几年前，这种想法促使民主党宣称自己是"科学之党"，并给共和党贴上"科学否定者党"的标签。这一立场随之催生了一系列书籍，如克里斯·穆尼（Chris Mooney）的《共和党对科学的战争》（*The Republican War on Science*, 2005）。作为一种政治策略，这种"科学之党"的标签可能是有效的，但不能简单地根据几个例子就断言"认知优越性"的存在。事实上，任何受过科学训练的社会科学家都会很快指出正在运作的明显的选择效应。所讨论的问题（气候科学和神创论/进化论）是出于政治目的和媒体兴趣而精心挑选的。为了正确地称一方为科学之党而另一方为科学否定者党，当然必须对科学问题进行有代表性的抽样，看看一方的成员是否比另一方的成员更有可能接受科学共识（Lupia, 2016）。

事实上，不难找到自由派民主党人未能接受的科学共识。而且具有讽刺意味的是，有足够的例子可以出版一本与上述穆尼那部作品类似的书，书名为《摒弃科学：感觉良好的谬误和反科学左派的崛起》（*Science Left Behind: Feel-Good Fallacies and the Rise of the Anti-Scientific Left*, Berezow & Campbell, 2012）。举一个我自己领域的例子：自由主义者倾向于否认心理科学中压倒性的共识，即智力有一定遗传性的共识，而且没有强有力证据表明智力测试会对少数群体有偏差（Deary, 2013; Haier, 2016; Plomin et al., 2016; Rindermann, Becker & Coyle, 2020; Warne, Astle & Hill, 2018）。在这些问题上，自由主义者反倒成了"科学否定者"。

此外，智力并不是自由派人士否认科学的唯一领域。在经济学领域，自由主义者非常不愿意接受这样一种共识，即当对职业选择和工作历史等变量进行适当控制后，做同样工作，女性收入不会比男性低23%（Bertrand, Goldin & Katz, 2010; Black

et al., 2008; CONSAD Research Corporation, 2009; Kolesnikova &
Liu, 2011; O'Neill & O'Neill, 2012; Solberg & Laughlin, 1995）。
就像保守派人士倾向于否认或混淆关于人类活动在全球变暖
中的作用的研究一样，自由主义者倾向于否认或混淆表明单亲
家庭会导致儿童出现更多行为问题的研究（Chetty et al., 2014;
McLanahan, Tach & Schneider, 2013; Murray, 2012）。绝大多数
自由派大学教育学院否认这一强有力的科学共识，即基于语
音的阅读教学有利于大多数读者，尤其是那些最挣扎的读者
（Seidenberg, 2017; Stanovich, 2000）。许多自由主义者很难相
信，没有强有力的证据表明大学的STEM学科和其他部门对女
性的雇用、晋升和评估方面存在偏差（Jussim, 2017a; Madison &
Fahlman, 2020; Williams & Ceci, 2015）。自由主义的性别女权
主义者通常否认关于性别差异的生物学事实（Baron-Cohen,
2003; Buss & Schmitt, 2011; Pinker, 2002, 2008）。在大部分民主
党城市和大学城，人们很难相信经济学家之间已有的一个强烈
的共识，即租金控制会导致住房短缺和住房质量下降（Klein &
Buturovic, 2011）。

我将不再赘述，因为我的观点已经很明确了。尽管共和党
人在气候变化和进化论上存在反科学态度，但相对地，民主党
方面也有很多否定科学的例证。两个政党都不是"科学之党"，
也都不是"科学否定者党"。意识形态分歧的每一方都很难接

受与自己意识形态信念和政策背道而驰的科学证据。这与迪托及其同事（2019a）关于平等党派我侧偏差的元分析发现是一致的。

但是，知识本身的情况又如何呢？拥有与社会和政治问题相关的必要知识也是认知理性的一部分（见Stanovich, West & Toplak, 2016）。也许与克林顿/民主党选民相比，特朗普/共和党选民在社会和政治问题相关的必要知识方面有所不足。然而，大多数研究表明，共和党人和民主党人在事实知识方面几乎没有差异。皮尤研究中心（Pew Research Center, 2015）2015年的新闻智商调查报告了典型的结果。调查样本中的受访者回答了12个关于时事的问题（判断美加输油管道Keystone XL的路线，回答有多少名最高法院法官是女性，等等）。结果表明，共和党人在12个条目中的7个条目上优于民主党人，而民主党人在其中5个条目上优于共和党人。平均而言，样本中的共和党人正确回答了8.3个条目，民主党人正确回答了7.9个条目，独立党派人士正确回答了8.0个条目（2013年的调查产生了类似的结果；Pew Research Center, 2013）。

在与投票相关的特定知识领域也得到了类似的发现。丹尼尔·克莱因和热莉卡·布图罗维奇（Daniel Klein & Zeljka Buturovic, 2011）线上向2000多名被试提供了一份有17项条目的经济学知识问卷。他们发现，给自己贴上"亲共和党自由派"

或"非常保守"标签的人比给自己贴上"自由主义者"或"进步主义者"标签的人得分更高。克莱因和布图罗维奇的主要结论不是保守派人士比自由派人士有更多的经济知识；相反，他们强调了这些调查是如何通过问题选择来倾斜调查结果的（参见Lupia, 2016）。[8]例如，"租金管制法导致住房短缺"（正确答案：正确）这个问题对自由派被试来说更难，因为它挑战了他们的意识形态；而"一美元对穷人来说比对富人来说更重要"（正确答案：正确）这个问题对保守派人士来说更难，因为它挑战了他们的意识形态。在这一领域，对所谓"知识"的衡量标准很容易被选择效应扭曲成党派标准。这是前文讨论的"科学之党"问题的另一个版本。民主党与共和党中哪个是"科学之党"，这完全取决于所讨论的问题是如何选择的。克莱因和布图罗维奇（2011）使用的17项条目的问卷是相对平衡的（8项偏向自由派，9项偏向保守派）。

类似的抽样问题也困扰着阴谋论信念的研究。研究这些问题很重要，因为特朗普选民的问题可能不是他们获得的知识太少，而是他们获得了太多的**虚假信息**。早期关于意识形态和阴谋论信念之间关系的研究文献似乎表明，阴谋思维与政治右翼的联系比左翼更加紧密。然而，最近的研究表明，这一发现只是被研究的特定阴谋论信念分布的函数。使用更平衡的条目进行的研究表明，阴谋论信念在政治右翼和左翼中同样普遍

（Enders, 2019; Oliver & Wood, 2014）。我们在自己的理性思维综合评估的研究中证实了研究文献中的后一种趋势，理性思维综合评估量表中包含了一个衡量相信阴谋论的倾向的子测试（Stanovich, West & Toplak, 2016）。

我们的子测试覆盖了广泛的阴谋论信念（Dagnall et al., 2015; Goertzel, 1994; Majima, 2015; Oliver & Wood, 2014; Swami et al., 2011）。最重要的是，我们的测量同时包括右翼和左翼的阴谋论条目，以及大量跨越政治分歧的阴谋论条目。与之前的一些测量不同，它不仅仅是右翼政治态度的代表。我们评估的一些受到广泛研究的阴谋论分别关于约翰·肯尼迪总统遇刺、"9·11"袭击、氟化、登月、制药工业、艾滋病传播、石油产业和美联储。我们的研究结果与最近关于这个问题的研究结果一致，政治意识形态和理性思维综合评估阴谋论信念子测试的分数之间没有显著的相关性。

尽管没有强有力的证据表明自由派选民和保守派选民的知识储备存在差异，但保守派人士（和特朗普选民）的问题可能在于知识积累的**方式**（信念**形成**机制）。获取知识的方式有对有错，一个人可以以错误的方式获取正确的事实。如果一个人正在通过专门寻找支持其政治立场的东西以获得正确的政治事实，在技术意义上他可能的确是在获取知识，但他的知识库将会是倾斜和选择性的，而这些真实的知识将会是以错误的方式获得的。我侧偏差程度是这种普遍趋势的直接衡量标准。然而，正如我们在第一章中看到的，我侧偏差无处不在，因此我侧偏差是共和党而非民主党的特征这一强假设早在多年前就被证伪了。此外，迪托及其同事（2019a）最近的元分析正好解决了一个较弱的假设。他们对41项涉及12000多名被试的我侧偏差党派差异的实验研究进行了元分析。在合并了所有这些研究并比较了我侧偏差的总体指标之后，迪托及其同事得出结论，这些研究中自由派人士和保守派人士的党派偏差程度非常相似。因此，前面讨论的实际获得的知识缺乏党派差异，其实反映了我侧思维的偏差过程中缺乏党派差异。

总之，无论是从知识内容还是从知识获取的过程来看，都没有强有力的证据表明特朗普选民在认识上比克林顿选民更不理性。就理性的两个组成部分——工具理性和认识理性而言，没有强有力的证据支持特朗普选民有什么独特的理性问题。然而，可能仍然有人不接受这个结论，认为迄今为止的分析似乎过于狭隘。没错，的确存在更广泛的理性版本，这点我目前为止还没有提及。

我们已经讨论过这样一种观点，即理性思考意味着根据自己的目标和信念采取适当的行动（工具理性），并持有与现有证据一致的信念（认知理性）。人们可能会很自然地认为在分析中遗漏了一件事，那就是采用**适当**目标的倾向。这样，考虑到这第三个特征，会批判性地让我们从狭义的理性概念走向广义的理性概念（Elster, 1983; Nozick, 1993; Stanovich, 2004, 2013）。工具理性的传统观点是狭义的理论，因为一个人的目标和信念是被直接接受的，而评估只集中在个人是否在给定目标和信念的情况下最优地满足了欲望，欲望的内容没有被评估。

一个无法评估欲望的狭隘的理性概念，似乎会让许多糟糕的想法逃脱评估。但认知科学的大多数工作都不成比例地采用了这种狭隘的理性形式——这是有充分理由的。广义理性理论涉及哲学中一些最困难和最令人烦恼的问题，例如：何时采取（狭义）理性是理性的？追求什么目标是理性的？事实上，我之前关于特德·克鲁兹与阿尔·夏普顿思想实验的讨论已经涉足了广义理性领域。通过这个例子，我试图说明评估目标的困难。从一个有GG世界观的选民的角度来看，这个思想实验是在一个有相符世界观但在气质方面不适合总统职位的候选人（夏普顿）和一个世界观令人不快但在气质方面更适合总统职位的候选人（克鲁兹）之间做出选择。重点不是证明其中哪个选择对于这一选民来说是正确的，而仅仅是为了说明这种权衡的困难，并引起人们对这样一个事实的相关认识，即在面对特朗普/克林顿的选择时，CC选民也面临着同样困难的权衡。这是为了强调这种判断中潜在的我侧偏差：一个感受到夏普顿相对于克鲁兹的吸引力的民主党人应该同样理解特朗普相对于克林顿对共和党人的吸引力。

当然，这个思想实验并不依赖于特朗普/克林顿和克鲁兹/夏普顿之间一对一的特征类比，只依赖于特征权衡（世界观与适合担任公职）上的大致相似。它还揭示了当我们试图评估目标时，我侧偏差在起作用。那些在思想实验中选择夏普顿，却认为特朗普选民不理性的民主党人，无疑表现出了强烈的我侧偏差。他们发出的信号是，他们认为自己能够做到哲学家做不到的事情，即辨别哪些目标是非理性的。同样，那些投票给特朗普，却认为在思想实验中选择夏普顿的民主党人是非理性的共和党人，也表现出了强烈的我侧偏差。

对党派对手的表达理性（在第二章中讨论过）进行的评估总是充斥着我侧偏差。为什么己方选择以效用成本来表示价值是显而易见的，而当你的政治对手这样做时，却似乎是完全非理性的。共和党人可以清楚地看到，民主党市议会放弃投资左翼不喜欢的公司是非理性的，通常以城投美元的实际回报为代价。民主党人同样可以清楚地看到，共和党人不关心他们对围绕毒品的"说不"运动是否真的有效是非理性的。这种判断在很大程度上是由我侧偏差决定的。当对方放弃成本效益分析来表明价值选择时，往往被认为是极其非理性的，但当己方牺牲效用、金钱或结果目标来表明价值时，这没关系，因为我们的价值观是正确的，这似乎是理性的观点。

类似的"我侧不对称"也出现在信念领域。举例来说,气候变化是一个已经被高度政治化和具有象征性的问题(Kahan, 2015, 2016)。当保守派人士回答一项问卷条目,表明他们怀疑人类活动导致气候变化的证据时,他们的自由派对手会高兴地指出保守派人士存在所谓的科学否认问题。但在许多情况下,保守派人士以这种方式回答,仅仅是因为他们知道他们的政治对手自由派人士关心这个问题,所以他们只是在简单地发出信号表明对政治对手的反对(Bullock et al., 2015; Bullock & Lenz, 2019)。保守派人士真正想说的是,他们不会接受自由派人士使用气候科学数据的方式(例如,他们将使用这些数据来支持政府对经济的控制)。保守派人士关心的是表达一种价值观,而不是认知的准确性。

当涉及存在性别差异或智力的可遗传性的数据时,上述政治现象是相反的。就像气候变化一样,这些都是被政治化的领域。当自由派人士回答问卷条目表明他们怀疑性别差异证据或智力的可遗传性证据时,他们的保守派对手也会高兴地指出自由派人士是在否认科学。然而,在许多情况下,自由派人士以这种方式回答,也只是为了向他们的政治对手保守派人士发出反对的信号。自由派人士真正想要说的是,他们不信任保守派人士使用情报研究数据或性别差异研究数据的方式。简而言之,当双方已经从纯粹的认知模式转向了表达模式时,双方都指责对方的认知不够理性。即使我们要规定表达模式不那么理性，也没有强有力的证据表明它们在特朗普选民中比在克林顿选民中更普遍。

总而言之，对特朗普选民的认知特征缺陷的研究的专门搜索，在自由派心理学家身上产生了适得其反的效果。[9]恐怕我的同事们将不得不接受这样一个结论，即关于理性的认知科学不支持他们对这一问题的判断。你可以随心所欲地评判特朗普**本人**的理性或不理性，但认知科学不支持他的选民不理性的说法——或者更准确地说，他们不如克林顿选民理性的说法。事实上，认为这些选民不理性的判断，恰恰是由导致强烈我侧偏差的那种坚信驱动的。我们在政治领域的判断特别容易受到我侧偏差的影响。

注　释

1. 有时一些人认为，显示智力和偏见之间相关性的研究自动表明保守派人士智力低下（假设偏见是保守主义的代表特征！）。然而，勃兰特和克劳福德（2016）证明，正如我们之前所看到的，这种相关性取决于被评估的目标群体。例如，勃兰特和克劳福德（2016）观察到，智力与对西班牙

裔的偏差之间的 -0.15 相关性，与对黑人的偏见之间的 -0.09 相关性，以及与对非法移民的偏见之间的 -0.06 相关性几乎完全匹配智力与另一些偏差的正相关性，包括与对基督教原教旨主义者（0.19）、大企业（0.14）、军队（0.12）和工人阶级（0.08）的偏见。一般来说，智力水平较高的人不会比不那么聪明的人偏见更少，只不过他们的偏见针对的是不同的群体（另见 Brandt & Van Tongeren, 2017）。

2. 一些研究采用认知反应测试（CRT）——一种复杂的测量方法，考察认知能力、思维倾向和计算能力（Sinayev & Peters, 2015; Stanovich, West & Toplak, 2016）——已经得出与智力相似的结果。CRT 很少与经济保守主义相关，当它与经济保守主义相关时，至少有可能产生正相关和负相关（Baron, 2015; Yilmaz & Saribay, 2016, 2017; Yilmaz, Saribay & Iyer, 2020）。CRT 的表现与社会保守主义之间存在一致但较小的相关性，在不区分经济和社会保守主义的研究中，CRT 与保守主义相关性非常小（Burger, Pfattheicher & Jauch, 2020; Deppe et al., 2015; Yilmaz & Saribay, 2016, 2017; Yilmaz & Alper, 2019; Yilmaz, Saribay & Iyer, 2020）。总的来说，没有迹象表明自由派人士和保守派人士在 CRT 上存在强烈差异。通常，自由主义者的得分高于自由派人士和保守派人士这**两个群体**（Pennycook & Rand, 2019; Yilmaz et al., 2020）。

3. 甘扎克、哈诺赫和霍马（2019）在一个带有多个变量的回归方程中分析了特朗普的"温度计"评级，发现 beta 权重占主导地位的预测因子是党派归属（0.610），该预测因子比其他重要预测因子，如性别（-0.091）和语言能力（-0.061），强几个数量级。

4. 理性的绝对水平问题在概念上要复杂得多（见 Caplan, 2007; Fuller, 2019; Lomasky, 2008）。

5. 许多不同的作者都讨论过涉及世界观的相关的政治区别（例如 Goodhart, 2017; Haidt, 2016; Lind, 2020）。

6. 桑德斯长期以来也一直担心非法移民会抑制低技能人群的工资，他在 2007 年的一次采访中说，"如果贫困在增加，如果工资在下降，我不知道为什么我们需要数百万人作为外来工进入这个国家，他们的工资将低于美国工人，会把工资压到甚至低于他们现在的工资"（Frizell, 2016）。在最近的 2015 年接受埃兹拉·克莱因（Ezra Klein）采访时，桑德斯批评了政治左翼向倡导开放边界的转变，警告说这是富有的科赫兄弟（Koch brothers）会推动的那种"右翼提案"，并认为"你正在废除民族国家的概念，我不认为世界上有任何国家相信这一点"（参见 Lemon, 2019）。

7. 自 2017 年以来，我在更可控的条件下收集了关于这个问题的数据。结合我的同事玛吉·托普拉克和我（Stanovich,

Toplak, 2019）收集的数据，我向从 Prolific 平台（Palan & Schitter, 2018）招募的一组被试提出了特德·克鲁兹 vs 阿尔·夏普顿问题。他们都以英语为第一语言，都是美国公民。在我们的样本中，有 332 名被试会在 2016 年投票给克林顿，而不是特朗普或第三方候选人。在这 332 名克林顿选民中，如果有选择，有 90.4% 的人会投票给阿尔·夏普顿而不是特德·克鲁兹。

8. 在《大西洋月刊》的一篇文章中，丹尼尔·克莱因（2011）描述了他使用的原始量表是如何充满我侧偏差的：这些问题更容易挑战自由派被试的信念而不是保守派被试的信念，从而导致自由派被试的分数较低。在这篇文章中，克莱因承认，因为他是一个自由主义者，所以他更容易相信左翼人士特别容易对经济学产生错误的信念。这种预先存在的偏差使他更难认识到问题的选择是对自由派人士不利的。许多"谁更有知识"类型的媒体和学术研究都受到条目选择的影响，而条目选择反映了测试编制者的偏差（见 Lupia, 2016）。

9. 科学作家兼传播学教授马修·尼斯比特（Matthew Nisbet, 2020, p.27）警告说，这项研究的偏差和议程驱动的性质在某些情况下破坏了自由派人士的事业，"作为一个倡导者社区，我们已经痴迷于……保守的'否认者'……这项研究反过来又影响了主流新闻和评论，其中《卫报》(Guardian)和《华盛顿邮报》等媒体的读者一直给人留下'反科学''否认者'这样的印象。共和党人实际上可能在认知上不具备为清洁能源政策进行理论或妥协的能力，在性质上类似于大屠杀否认者"。尼斯比特指出，这些策略适得其反，因为"今天共和党人到处被贴上'否认'党的标签，大大夸大了中右翼人士对气候和清洁能源解决方案的反对力度，造成了自我强化的错误认知螺旋"。

第六章

我们应该如何对待我侧偏差

作为最奇怪的认知偏差，我侧偏差与之前在有关启发式和偏差的文献中发现的那些偏差不太相符。它与智力或教育等传统的认知成熟度的衡量标准无关，也与同理性相关的思维倾向无关。对于在这些指标上得分较高的被试来说，文献中的其他偏差往往不会构成很大问题。同样，也格外难以证明大多数我侧处理在规范上是不合适的。即使在现代，以支持自己的群体或社会关系的方式思考似乎也有许多工具优势。即使选择严格关注认知理性，我们似乎也需要进行大量的我侧处理。乔纳森·凯勒（Jonathan Koehler, 1993）的证明B积极支持我们在许多情况下使用先验信念来评估新数据，只要先验信念是基于先前证据的理性积累的可验信念。只有当投射到新证据上的先验信念是远端信念（即坚信），而不是基于与当前问题相关的证据时，我们才有理由批评将先验信念投射到新证据上。即使在这种情况下，只要坚信是服务于群体团结的这一工具性目标，那么对个人也不会有什么损失。

然而，在社会层面上，我侧偏差会带来严重的代价。在美国和许多西方国家，政党和/或意识形态已经相当于现代部落（Clark & Winegard, 2020; Greene, 2013; Haidt, 2012; Iyengar et al., 2019; Mason, 2018b; Westwood et al., 2018）。遗憾的是，我们已经让这些部落践踏了我们国家的认知生活，因为比起关于具体公共政策问题的客观辩论，人们更重视旨在为部落"加分"的非智力策略。这些部落政治推动的我侧思维使得证据在公共政策争论中几乎没有意义。

丹·卡亨及其同事（Kahan, 2016; Kahan et al., 2017）的文章雄辩地阐述了我们需要如何将对公共政策的讨论从基于坚信的我侧推理的有害影响中剥离出来。他认为，我们需要强大的机构，在证据评估和信念投射之间形成阻隔。但可悲的是，这些机构——最引人注目的是媒体和院校——在21世纪初辜负了我们，它们并没有成为基于党派的我侧处理的解毒剂（Golman et al., 2016; Iyengar et al., 2019）。相反，福克斯新闻、微软全国广播公司（MSNBC）、布莱巴特新闻、沃克斯新闻网、《华盛顿时报》和《华盛顿邮报》等媒体已经将部落主义和党派偏差转变为可行的商业模式。就大学而言，它们已经完全放弃了在争议问题上充当中立、公正的证据仲裁者的责任。相反，在我们最需要公开讨论的领域中，比如犯罪、移民、贫困、堕胎、平权行动、毒瘾、种族关系和分配公平等，大学却将自己变成了知识单一文化模式，通过政治正确性来监督表达。

我们应该做些什么？我们如何才能对抗最有害的基于坚信的我侧偏差？在本章中，我将在个人和机构层面探讨一些可能有所帮助的想法。

避免认知精英的偏差盲点

已经看到这里的读者肯定是第五章中讨论的认知精英的一员。在我那本《理商》（Stanovich, West & Toplak, 2016）出版后联系我的，那些对2016年选举结果感到沮丧的通信者，同样也是认知精英的成员。那些通信者（错误地，正如第五章所证明的那样）认为，任何对人类理性的研究都会为他们的观点提供充分支持，即在当年英国（英国脱欧）和美国（总统选举）起到决定性作用的选民都是非理性的。我的通信者们似乎认为，政治争端完全是理性或知识获取的问题——更多的普遍（或特定）知识将不可避免地导致自己的政治信仰。

简而言之，我的通信者们似乎在践行政治学家阿图尔·卢皮亚（Arthur Lupia, 2016, p.116）描述的"将价值差异转化为无知的错误"，也就是说，将与某一问题相关的价值权重合理差异的争论，误认为其问题在于你的对手"只是不知道事实"。多年前，在一篇优美的文章中，丹·卡亨（2003）认为这正是在枪支管制辩论中发生的事情。他认为枪支管制辩论的特点是"计量经济学的暴政"——争论的中心是"研究表明"的方面，即在自卫中使用武器挽救生命、威慑犯罪，以及家庭配枪的风险因素。卡亨认为，核心问题永远不会得到解决或妥协，因为辩论的核心其实是文化：美国人想要什么样的美国社会。枪支管制的支持者被他们看重的政府强制执行的互不侵犯和共同安全的价值观所左右；枪支管制的反对者则被他们强调的个人自给自足和个人自卫权的价值观所左右。这些价值观遵循着城市和农村人口统计数据（以及其他数据），并且如果有证据的话，特定个体对这些价值观的权衡不会受到证据的很大影响。卡亨（2003）建议对文化差异进行更开放和不受约束的讨论。他主张进行更具表现力的辩论，让人们可以自由地表达他们的价值观和文化差异。但是，卡亨（2003）在指出"希望通过将枪支管制辩论局限于经验性论据来减少争议，实际上是一种空想"后警告："大多数学者、政治家和普通公民不愿意坦率地表达他们的文化差异，最终会加深枪支管制辩论的尖锐程度。"

我认为，战略优势和我侧偏差的结合导致认知精英抵制卡亨（2003）所推荐的关于文化的表达性辩论。认知精英认为，如果争议可以通过对事实的推理来解决，那么他们总是会赢，因为他们是事实和推理的专家。他们认为他们的对手不同意是因为他们无知，而诉诸事实会暴露这种无知。这种观点揭示了认知精英的我侧偏差。正如我们在前面的章节中看到的，认知精英并不比非精英更可能避免将不可验证的远端信念投射到证据上。

当涉及政治争端时，认知精英往往倾向于高估争端在多大程度上是关于对事实知识的不同了解，而低估它们在多大程度上是基于心底持有的价值观的冲突。我们已经经历了几十年的进步（Pinker, 2011, 2018），在此期间我们可能已经解决了大多数只拥有基于经验、非零和的解决方案（有人可以从一项政策中获益而且社会中其他人都不会损失）的社会问题。我们留下的有争议的问题是那些特别难以通过使用我们已有的知识，也就是事实，来解决的问题。如果一个问题在政治领域是定义清晰且有争议的，它可能**不仅仅**是"事实问题"。

几年前，我参与了《智力杂志》（*Journal of Intelligence*）一期特刊（Sternberg, 2018），主题是智力和其他思维技能在解决气候变化、贫困、污染、暴力、恐怖主义、社会分裂和收入差距等当代世界问题中的作用。我认为这份清单上的许多问题可能属于非常不同的类别。其中一些问题，如贫困和暴力，或许可以通过更理性的政策来解决。随着时间的推移，这些问题实际上已经大大改善（Pinker, 2011, 2018）。

然而，这份清单上的其他问题，如气候变化、污染、恐怖主义、收入差距和社会分裂，可能与贫困和暴力是不同的类型。也许，在某些情况下，我们看到的问题并不是我们可以期望通过更大的智慧、理性或知识来解决的问题，而是在一个有着不同世界观的社会中，由于价值观冲突而产生的问题。例如，减少污染和遏制全球变暖通常需要采取措施，而这些措施会抑制经济增长。显著减少污染和全球变暖所需的税收和监管限制往往不成比例地落在穷人身上。例如，利用交通拥堵区提高汽车运营费用、提高停车费用以及提高汽车税和汽油税，这些措施对穷人的驾驶限制比富人更大。类似地，我们无法在遏制全球变暖的同时最大化经济产出（从而实现就业和繁荣）。人们在权衡环境保护和经济增长之间的"参数设置"上存在差异，但参数设置的差异不一定是因为缺乏知识，而是不同价值观或不同世界观的结果。

因为气候变化和污染控制等问题涉及权衡，所以人们持有的不同价值观可能会导致权衡的出现，让**两个**极端群体都对此不满意，这并不奇怪。如果那些反对我们的人都更聪明、更理性或更明智，那么他们就会按照我们设定的权衡来设定他们的权衡，这其实是一种高程度的我侧偏差。事实上，经验证据表明，更多的知识、智力或反思也并不能解决诸如此类的零和价值分歧（Henry & Napier, 2017; Kahan, 2013; Kahan, Jenkins-Smith & Braman, 2011; Kahan et al., 2017; Kahan et al., 2012）。

收入差距的案例也能够阐释一些社会问题解决方案所涉及的权衡。关于收入差距的政治争论其实是价值观不同者之间的冲突，而不是知识渊博者和无知者之间的冲突。收入不平等没有**最佳**水平。

例如，尽管在过去几十年中，大多数工业化的第一世界国家的收入不平等一直在加剧，但在同一时期**全球范围内**的收入不平等指数一直在**下降**（Roser, 2013）。这两种趋势很可能是相关的——通过贸易和移民的影响（Borjas, 2016）。促进**世界**不平等减少的相同机制很可能促进美国**内部**不平等的增加（Krugman, 2015）。我们应当关注两个不平等指标（世界或美国）中的哪一个，这就是一种价值判断。

类似地，考虑以下关于过去30年美国收入不平等的事实：收入和财富最高的10%人口与中间人口的差距，比中间人口与贫困人口的差距还要大（DECD, 2011）。因此，在试图降低总体不平等性时——以一种影响像基尼系数这样的综合统计数据的方式——我们需要做出价值判断，决定我们希望更多关注这两个差距中的哪一个。对于任何呼吁收入平等的人来说显而易见的答案，即我们希望同时解决这**两个**差距，是根本行不通的。一些专注于缩小其中一个差距的政策很可能会增加另一个差距

（Reeves, 2017）。当我们说我们反对不平等时，我们必须做出价值判断，即这两个差距中的哪一个对我们更重要。

简而言之，收入不平等是一个没有单变量解决方案的"问题"。关于它的分歧缘于价值差异，而不是因为一部分人拥有另一部分人缺乏的知识。许多"问题"难以通过诉诸智力、理性、知识或智慧等特质来解决，而上面列出的另一个社会问题——社会分裂——则是这类"问题"的典型例证。社会中的政治分歧在很大程度上是由于价值冲突。认为政治分歧可以通过增加任何有价值的认知能力来解决，这似乎是我侧偏差盲点的缩影。说得通俗一点，保守派人士认为，如果我们都非常聪明、理性、博学、明智，所有的分歧就都会消失，因为我们都会成为共和党人，这似乎是高度的我侧思维。同样地，自由派人士认为，如果我们都非常聪明、理性、博学、明智，所有的分歧都会消失，因为我们都会成为民主党人，这似乎也体现了高度的我侧思维。

作为认知精英，我们可以意识到在许多情况下，我们认为我们的政治对手惊人地不知道某些事实（由于精心筛选，我们碰巧知道这一点），这实际上只是一个关于知识的自我服务的论点，用来掩盖我们正在谈论的政治争论其实是价值冲突的事实。我们关注对手的"无知"只是一个诡计，仅仅是为了转移人们对我们信念的注意力，即用来掩盖我们认为我们**自己**的价值权重应该占上风的信念。[1]

认识到，在你自己内部有冲突的价值观

当自由派人士看到保守派人士反对绿色倡议时，他们指责保守派人士不理解全球变暖对未来的影响。但当保守派人士看到自由派人士支持昂贵的绿色倡议时，他们指责自由派人士不理解这样的事实，即经济增长的下降会转化为社会中最弱势成员的更多贫困和经济困难。保守派人士和自由派人士的描述都是错误的。大多数保守派人士确实关心环境状况和全球变暖的影响。大多数自由派人士也确实明白经济增长可以防止经济困难和减少贫困。通常，这两个群体都知道事实，他们只是对正在进行的价值权衡——未来全球变暖的影响和保持最大经济增长——赋予了不同的权重。我们越是意识到，对于争论中的任何特定问题都需要考虑价值权衡，我们就越能避免我侧思维的影响。

有时可以在个体层面上削弱我侧偏差，这需要认识到这种价值观冲突不仅发生在党派**之间**，也发生在**我们自己内部**，正如我在第三章讨论的菲利普·泰特洛克（1986）的研究所建议的那样。泰特洛克（1986）研究了一个名为区分复杂性（differentiation complexity）的变量，它实际上是我侧偏差的反

向度量——是使一个人能够**避免**我侧偏差的过程的操作。在他的研究中，被试对环境保护、犯罪控制、医疗保健等高度涉及价值观的问题进行了推理，这些问题往往会产生高水平的我侧加工。泰特洛克（1986）发现了相当大的领域特异性：个体差异变量无法很好地预测特定被试表现出的区分复杂性；相反，在思考特定问题时，被试所经历的价值冲突程度更能预测其在特定问题上表现出的区分复杂性。例如，在思考对政府监控的看法时，如果被试意识到他们**既**重视隐私**又**重视国家安全，他们的我侧偏差就不那么强了。

让自由派人士少一些对优先考虑气候变化倡议的我侧偏差的方式是提醒他们，他们也关心穷人，而一旦经济增长放缓，穷人将成为第一批受害者。相反，让保守派人士少一些对优先考虑气候变化倡议的我侧偏差的方式是提醒他们，他们也关心为子孙后代提供一个宜居的栖身之所。

举例来说，萨马拉·克拉尔（Samara Klar, 2013）发现，民主党选民通常非常支持对包括性犯罪者在内的罪犯减刑、减少反恐支出，以及增加社会服务支出，但当强调他们所扮演的父母角色及相关的价值观时，他们对这三种政策的支持就减弱了。他们深切感受到需要保护他们的孩子和他们的孩子将居住的未来世界，这种意识使得民主党选民不那么同情罪犯，而更关心未来的恐怖主义和预算赤字。在克拉尔（2013）的研究中，强调父母的角色向民主党人突出了这样的事实，即他们在这些问题上的立场涉及他们的价值权衡。

不幸的是，政治运作方式通常与克拉尔研究中设定的条件完全不同。政客和政治党派向我们提出问题，表现得似乎没有任何价值权衡。他们暗示只有一种价值受到威胁，如果我们坚持这种价值观并采取最具党派色彩的立场，那么在我们可能关心的其他问题上也不会有任何损失。在不同意识形态的选民中，这是一个各方都持有的谬论。我们可以通过承认并揭露它是一种针对我们所有人的认知把戏，来鼓励进行不那么带有我侧偏差的政治讨论。

认识到，在思想领域，
我侧偏差会导致思想"肥胖"流行

任何让我们对自己的信念更加怀疑的东西都会倾向于减少我们表现出的我侧偏差（通过防止信念转化为坚信）。如果你能理解你的信念其实是模因复合体，并且有着它自己的复制利益，那么你可能更容易产生对它们的怀疑（见第四章）。栖居于你大脑中的模因复合体倾向于不接受对当前的想法有敌意的想法，因为这些敌对的想法可能会取代当前已有的信念。

正如我在第四章中讨论的那样，如果任何新的突变等位基因不是合作者，生物体往往会有基因缺陷。模因的逻辑略有不同，但却是平行的。模因复合体中呈相互支持关系的模因可能会形成一种特殊结构，阻止与它们相互矛盾的模因获得大脑空间。容易被同化并会强化已有模因复合体的模因很容易被接受。社交媒体（以及传统媒体）利用这一逻辑产生了深远的影响。现在对我们进行狂轰滥炸的信息，其实是由专门构建的算法推送给我们的，旨在向我们呈现容易被同化的同类模因（Lanier, 2018; Levy, 2020; Pariser, 2011）。我们收集的所有相互支持的模因会逐渐凝聚成意识形态，而这种意识形态往往会将简单的可验信念转化为坚信。

在《机器人叛乱》（*The Robot's Rebellion*, Stanovich, 2004）中，我描述了一个平行的逻辑，即自由市场如何服务于基因和模因的非反思性一阶欲望。在史前时代为生存而设计的遗传机制在现代中有时显然是不适应的（Li, van Vugt & Colarelli, 2018）。例如，我们储存和利用脂肪的机制是在这对我们的生存至关重要的时代发展起来的，而在麦当劳无处不在的现代科技社会中，这些机制不再服务于人们的生存需求。市场逻辑将保证你总是能很方便地满足自己对富含脂肪的快餐的偏好，因为这种偏好是普遍的而且很便宜就能满足的。市场强调的是满足不加批判的一阶偏好的便利性。

关于模因，市场也会做完全相同的事情，因为你总是会对与你已有信念一致的模因产生偏好，而市场会让它们变得便宜且容易获得。例如，福克斯新闻的商业模式（针对小众模因市场）已经传播到左翼和右翼的其他媒体，例如，美国有线电视新闻网（CNN）、布莱巴特新闻（Breitbart News）、《赫芬顿邮报》（*Huffington Post*）、《每日电讯》（*Daily Caller*）、《纽约时报》、《华盛顿观察家报》（*Washington Examiner*）。自2016年美国总统大选以来，这一趋势加速了。《纽约时报》称，选举失败一方的选民纷纷拥向强化他们信念的媒体（Grynbaum & Koblin, 2017）。一名选民表示，自己越来越被微软全国广播公司节目吸引，因为"观看它是鼓舞人心的。这也是我参加妇女游行的原因：我相信它，并且我希望身边环绕着其他相信它的人"。活动家兼作家格洛丽亚·斯泰纳姆（Gloria Steinem）在一封电子邮件中写道："我为了乔伊·里德（Joy Reid）、克里斯·海斯（Chris Hayes）、蕾切尔·玛多（Rachel Maddow）和劳伦斯·奥唐奈（Lawrence O'Donnell）而收看微软全国广播公司节目，因为我相信他们作为一名记者……记者的工作不是要平衡，而是要准确。"（Grynbaum and Koblin, 2017）

简而言之，就像我们狼吞虎咽地吃不健康的高脂肪食物一样，因为我们的身体是由带有自私的复制因子生存逻辑的基因所构建的，所以我们也狼吞虎咽地吸收符合我们已有信念的模因，因为文化复制因子也有类似的生存逻辑。就像我们对高脂肪快餐的过度消费导致的肥胖在这个国家中流行一样，我们对同类模因的无限制消费也让我们在模因上变"肥胖"了。一组复制因子将我们引向了医学危机，另一组导致了我们的交流公地悲剧，即我们无法趋同于真理（Kahan, 2013, 2016; Kahan et al., 2017），因为我们有太多的坚信驱动着我侧偏差。我们有太多的坚信，是因为自我复制的模因复合体拒绝与它们不同的模因，导致我们的信念网络中有太多的一致性。

去除这种思想层面肥胖流行的方法是认识到你的信念有它们自己的利益，并利用这种洞察力让你的自我和你的信念之间保持一点距离。这种距离可能会把一些坚信变为可验信念。坚信越少，一个人表现出的我侧偏差也就越少。

认识到，不要将你的信念视作所有物

本节的标题是奥巴马总统在2012年7月竞选活动中备受讨论的政治即兴演说片段——著名的"不是你建立了它"（you didn't build that）片段。他说"看，如果你已经成功了，你不是靠自己取得成功的……有的人认为'嗯，我的成功一定是因为我太聪明了'，我总是会对这样的人感到惊讶……如果你成功了，沿途的某个人一定给过你一些帮助，你生命中一定有一位伟大的老师，一定有人投资了道路和桥梁为你铺好前路。如果你有了自己的事业——这并不是靠你自己建立起来的，是其他人实现了这一点。互联网不是自己凭空产生的，是政府研究创造了互联网，这样所有的公司都可以从互联网上赚钱"（Kiely，2012）。奥巴马的陈述在我们的党派时代引起了争议，但其实并不应该有争议。这里的观点其实非常清晰，并且在社会心理学文献中已经得到了很好的确立。心理学家研究了所谓的"基本归因错误"（Ross, 1977），当人们低估自己行为的情境决定因素时就会发生这种错误。

我对奥巴马总统的即兴演说的看法延伸到了我们最坚定的信念（坚信）上，在这一方面甚至比他的例子还要深入。我们的已有信念是与他人思想互动的结果，它们是我们毕生经验的产物。然而，认知科学几十年的研究告诉我们，我们的许多信息处理发生在我们的意识之外，当新信息能够与我们大脑中既存的生物基质很好地融合时尤其如此。我们倾向于高估我们通过有意识思考得到自己的信念的程度。就像商人高估自己的财富有多少是由于自己独特的创造力和努力一样，大多数人倾向于高估自己用了多少有意识的思考来形成自己最坚定的观点和坚信。

充分理解这一见解可能会让人们更容易听从这样的告诫，即只能将可验信念（而不是带有党派渊源的信念）投射到新的证据上。当一个坚信不那么被认为是所有物时，它就不太可能被不恰当地投射到新的证据上。当你意识到你不是通过有意识的推理得到自己的信念时,你就不那么认为自己对信念具有所有权。然而,重要的是要理解从这一点出发不会导致什么奇怪的推论。首先,你并非通过思考得到你的信念并不意味着你的信念毫无意义。相反,你有充分的理由重视你的信念。你的信念可能反映了构成你行为和心理气质的生物基础。你的信念也可能反映了你的生活经历,包括你的家庭经历、工作经历和爱情经历,所有这些都有很大的意义,是你的一部分。然而,重要的是要理解:这些都没有反映出你的**思考**。即使你当前的信念是你生活中的重要部分,你也不应当因为认为它们是你**有意识**选择的东西而重视它们。[2]

认识到,我侧偏差在模糊和复杂的环境中蓬勃发展

在第一章中,我简要提到了凯尔·科普柯及其同事(2011)的一项研究,他们发现,对选举中受质疑选票可信度的裁决会受到党派偏差的影响。科普柯及其同事(2011)根据选票分类规则是具体还是模糊的来检验被试表现。他们发现,规则越模糊,观察到的我侧偏差就越多。尽管这似乎不是一个令人惊讶的结果,但它仍然是一个重要的结果,它强调了一种元意识,我们可以用它来驯服我们自己的我侧偏差。当涉及控制我们自己

的我侧推理时，模糊性不是我们的朋友。

知道模糊的情况会产生我侧偏差并不令人鼓舞，因为复杂性会放大模糊性，而我们正在经历的由互联网推动的不断膨胀的信息宇宙，无疑增加了世界的复杂性。因此，证据越多，就越容易带着我侧偏差来选择证据，不论证据是好是坏或支持哪一边。通过互联网（社交媒体等）进行的社会交流越来越多、越来越复杂，使得验证世界上到底发生了什么变得更加困难。例如，人们想知道推特（现更名为"X"）账户中有多大比例可能实际上是俄罗斯机器人，有多少人在脸书上看到了多少的虚假政治广告，以及广告来自谁。我们想知道某种类型的社交媒体骚扰是在增长还是在下降，骚扰来自哪里，是谁在进行这些骚扰。我们想知道这类问题的答案，但是在包括事实的语境下我们也会提出这些问题：（1）也许多达15%（4700万）的推特账户实际上是机器人（Varol et al., 2017）；（2）在同一天登录脸书的人数达到了10亿（Levy, 2020）。

在这样的背景下，即使是最有成就的科学家也不能独自解决上述那些问题。事实上，现在这些与社交媒体和互联网相关的话题只能由那些拥有所谓的大数据资源和基础设施的人来回答。杰夫·霍维茨（Jeff Horwitz, 2020）描述了研究人员在试图研究社交媒体上的假新闻的性质和程度时所面临的困难。2018年，脸书宣布将与一组研究人员合作开展名为"社会科学一号"

（Social Science One）的项目，他们将提供10亿GB（千兆字节）的信息访问权限，以便学术研究人员可以研究平台上的信息共享方式以及假新闻的传播模式。研究人员预计，在启动项目后的大约两个月内，他们就会得到一个有效的数据集。然而，他们花了**两年时间**才获得了一个有效的数据集，并且大部分时间都花在了与脸书的谈判上。很少有学术研究人员能够在一个充满政治色彩的项目上花费这么多无效时间，因为它最终很可能会失败，毕竟说到底是一个私人公司控制着数据集。

　　关于互联网和社交媒体上的交流模式的问题在现代生活中有着前所未有的高度复杂性和模糊性。随着这种模糊性的发展，它们将自动成为显现高水平我侧偏差的领域。在我的研究补充材料的早期版本（Stanovich, 2019）中，我谈到了心理学中的复制是一个开放的过程，即任何研究者都可以用最少的资源复制几乎任何心理学研究。不幸的是，这种情况已经不复存在，因为现在需要各种大数据资源来回答越来越多关于互联网行为的问题。这些问题对大多数研究者来说是无法解决的，因为处理庞大数据集的工作量相当大，以及互联网运作的性质被大公司的专有算法弄得不透明（Levy, 2020; Pariser, 2011）。例如，当脸书开始调查俄罗斯是否通过在其平台上投放政治广告来干预2016年选举时，其研究者不得不开始搜索当时500万个广告商的活动，而这些广告商每天都在创建数百万个不同的广告（Levy, 2020）。

互联网通信的巨大规模使得回答涉及算法定位的问题（比如"究竟谁看到了什么内容，具体由谁发送的？"）非常难以回答。2018年，云端软件Domo报告，人类每天产生250亿亿（2.5×10^{30}）字节的数据（Domo, 2018）。由此产生的互联网数据的指数级增长与技术复杂性相结合，极大增加了模糊环境的数量，而我们为了"澄清"这些环境往往会投射自己的我侧偏差。即便脸书已经删除了至少10亿个虚假账户（Facebook, n. d.），我们对阴谋论和假新闻的担忧不会很快消失。几年前，"信息病"（infodemic，对epidemic一词的改编）一词被创造出来并用于标记现代生活的某些情况（Zimmer, 2020），在这些情况下，我们有过多的信息，这些信息有些是准确的，有些是不准确的，以至于人们实际上几乎很难得出准确的结论。互联网上是否发生过"网络攻击"或"仇恨运动"，或者关于此类攻击的特定说法是不是恶作剧（Neuding, 2020），普通公民几乎无法确定。因此，为了确定真相，普通公民完全依赖媒体"专家"来帮助他们做出决定。然而，选择听取哪些专家的意见就完全是我侧的事情。

与互联网上的虚假信息纠缠在一起的问题不一定非得是党派性质的。用杰伦·拉尼尔（Jaron Lanier, 2018）的话来说，"孤独症与儿童早期接种疫苗有关"的伪科学理论过去和现在都是由"偏执的同龄人群体"维持的。这一理论是错误的,它与大量证据相矛盾(Grant, 2011; Nyhan et al., 2014; Offit, 2011),但在无法控制的互联网记忆中,不可能完全平息流传的关于这一理论的错误言论。

当一个人试图就更大事件集合中的一个很小的部分进行讨论时,模糊性也会出现。因此,例如,关于特定天气事件是不是由气候变化引起,这样的争论可能会充满我侧偏差,因为在更大的集合中,**特定**事件的因果历史往往非常模糊。然而,特定事件的大集合在因果上就不那么模糊了。因此,关于全球变暖本身的讨论,作为一个持续多年的**总体**模式,应该不那么模糊。关于**当下**经济趋势的争论很容易高度模糊,并受到我侧偏差的很大影响。然而,在较长时期内,总体经济趋势更容易描述,也不那么模糊不定。

通过抵制无原则捆绑避免激活坚信

我侧偏差是由我们的坚信驱动的,但其中许多坚信是由党派偏差驱动的(Leeper & Slothuus, 2014)。在本节中,我们将探讨党派偏差的一些奇怪特性。我们将看到,在某种意义上,党派偏差产生的一些我侧行为是不必要的。也就是说,如果我们不知道我们的党派团体所采取的立场,我们就不会有驱动我们在很多问题上产生我侧行为的坚信。在极端的党派偏差的作用下，我们可能持有的具有适度信心的可验固有信念，变成了我们以坚信的力量坚持的受保护的价值观。一般来说，我们不可能通过独立的思考来达成这样的党派坚信。

研究表明，大多数人的意识形态都不太强（Kinder & Kalmoe, 2017; Mason, 2018b; Weeden & Kurzban, 2016）。他们不怎么考虑一般的政治原则，只有在特定问题会影响到他们个人的时候，他们才会在这些问题上持有立场。另外，他们在不同问题上的立场往往也不一致，并没有被一个他们可以有意识表达的连贯的政治世界观所维系。研究往往发现，只有深度参与政治和/或受过极高教育并不断沉浸在高水平媒体资源中的人，在不同问题上的立场才会以一种看起来像一种意识形态的方式联系起来。与这种思想上存在明确意识形态的少数群体相比，贾森·威登和罗伯特·库兹班（Jason Weeden & Robert Kurzban, 2016）将他们研究样本中80%的成员归类为只具有名义上的意识形态。也就是说，尽管这些人以一种有意义的方式使用"自由派"和"保守派"等意识形态标签，并将自己归类为这种意识形态群体，但他们在不同领域的问题上的立场几乎没有表现出意识形态的一致性。例如，如果他们在宗教领域的问题上是自由派，他们很少因此在经济领域也表现出自由主义倾向（相关性在0.02～0.05）；如果他们在社会领域的问题上有自由主义立场，他们只有中等的可能性对经济领域的问题也做出自由主义回应（相关性在0.35～0.45）；而他们在宗教领域和社会领域的立场也几乎没有意识形态上的一致性（相关性在0.05～0.10）。

相比之下，拥有真正意识形态的20%的样本，他们在宗教和经济领域中表现出0.20～0.30的意识形态一致性相关；在宗教和社会领域中的相关性为0.20～0.35；而在社会和经济领域中的相关性为0.55～0.60。更重要的是，这20%的样本的受教育水平很高，在知识和认知能力测试中得分也很高。简而言之，他们是认知精英。只有在这些认知精英中，意识形态是一致的。例如，在威登和库兹班在2016年的研究中考查的三个时间段内，对于那20%的样本来说，用在问题上采取的立场来预测政党偏好的预测性较好（三个时间段数据的多重R方分别为0.258、0.360和0.476）；但是对于剩下的80%样本，利用在这些问题上的立场来预测政党偏好不太准确（三个时间段数据的多重R方分别为0.083、0.126和0.194）。

威登和库兹班（2016）发现，随着时间的推移，他们的样本中占20%的认知精英的意识形态一致性一直在增加。然而，这一趋势并不适用于其余80%的样本。其他研究与他们的研究结果一致，表明绝大多数人只具有名义上的意识形态，他们在不同问题上的立场缺乏原则性的一致性（Kinder & Kalmoe,

2017；Mason, 2018a, 2018b）。这似乎让我们更难理解大多数人在美国政治中观察到的日益增长的党派敌意（Westwood et al., 2018）。如果人们没有真正意义上的意识形态，为什么我们的社会还会出现政治上的两极分化？

大多数人缺乏意识形态的一致性，这一结论似乎确实与我们国家产生越来越多党派争端的事实不符。政治科学家多年来一直在测量党派之间的情感极化现象。有许多不同的问卷和指标被用来衡量情感极化，但几乎所有这些问卷和指标都表明，在过去几十年里，尤其是在过去10年里，党派仇恨显著增加了（Iyengar et al., 2019; Pew Research Center, 2019）。在使用第五章讨论的"感觉温度计"的研究中发现，1978年"温度计"上的情感极化大约为23度，而在2016年几乎翻了一番，达到大约41度（Iyengar et al., 2019）。值得注意的是，极化的增加大都来自"消极党派偏差"的增加，即被试对党外敌意的增加而不是对党内喜好的增加（Abramowitz & Webster, 2016, 2018; Groenendyk, 2018; Pew Research Center, 2019）。社会距离测量也显示了同样的情况。1960年，只有不到5%的美国人报告说，如果他们的孩子与另一个政党的人结婚他们会感到不安。到2008—2010年，这一比例已经增长到25%～50%（Iyengar, Sood & Lelkes, 2012; Iyengar et al., 2019）。在2008年，美国人比1960年更有可能认为，他们敌对政党的成员不如自己政党的成员聪明，而且更加自私（Iyengar, Sood & Lelkes, 2012）。

因此，我们的国家在政治上变得越来越分裂，尽管研究表明，作为选民，我们大多数人在意识形态上既不是越来越极端，也不是越来越一致。这个看似是悖论的现象背后的原因是什么？这里的关键点是，这个现象实际上根本不是悖论。首先，党派之争的增加既不是由人们意识形态的极端化驱动的，也不是由意识形态一致化驱动的。相反，它是由那些承担部落角色和特征的政党的意识形态驱动的（Clark & Winegard, 2020）。我们在第二章提到了莉莉安娜·梅森（2018a）的研究，研究发现政治党派群体之间的情感极化程度更多是由所谓的"基于身份"的意识形态驱动的，而不是"基于问题"的意识形态。从统计数据来看，党派认同比具体问题上的实际差异更能预测党派群体间的情感极化。梅森（2018a, p.885）得出结论，"'自由派'和'保守派'标签背后预测意识形态的强烈内群体偏好的力量主要基于对这些群体的社会认同，而不是与标签相关的态度组织"。她的论文题为"脱离具体问题的意识形态"（参见Cohen, 2003，以及Iyengar et al., 2012，以获取更多一致的发现）。

许多研究一致发现，大多数美国人在看待问题上持有政治学家所称的"不受约束的态度"（unconstrained attitudes，一些不会以任何意识形态上连贯的方式结合在一起的态度）。梅森（2018a）指出，党派立场不仅可以意味着政策态度，还可以是一种标记个人身份的方式，也可以是与敌对政党划清界限的方式。她认为，党派身份可能只是标记了一种包容和排斥感——一种我们与他们对立的感觉（Greene, 2013; Haidt, 2012）。梅森总结说，我们对党派的感受不能简单归结为我们在各种问题上的立场，而更多的是关于我们与志同道合的其他人的联系感。梅森（2018a）的论点与其他研究一致，表明党派偏差更多的是基于身份的表达，而不是基于问题的工具性计算（Huddy, Mason & Aaroe, 2015; Johnston, Lavine & Federico, 2017）。

梅森（2018a, 2018b）的论点与上述威登和库兹班（2016）的发现有一定联系，并支持了一个更大的结论：我们国家正在被认知精英带入情感两极分化的境地。在威登和库兹班（2016）的研究中，五分之四的样本显示出很少的跨领域意识形态一致性，而他们的一致性程度似乎没有随着时间的推移而增加。相比之下，在他们样本中，占20%的认知精英的跨领域一致性要高得多，更重要的是，随着时间的推移这种跨领域一致性还在增加。这表明了一种模式：意识形态相对薄弱的民众通过认同由认知精英控制的政党，被引导对一些他们原本不会支持的问题选择了支持立场。

理解威登和库兹班（2016）研究结果的含义可以帮助我们避免在特定问题上的我侧偏差。他们的结果提醒我们，当我们从一个问题转移到另一个问题时，我们的政治对手**不是同一个**

人。跨领域的微弱相关性确保了，从统计角度来看，我们在问题A上的对手与在问题B上的对手是一个非常不同的群体。如果你把这一点放在心上，你可能会感觉不那么部落化，也不那么倾向于我侧推理。

大多数美国人无法阐明他们在特定问题上的立场背后的原则，而且在听到自己党派团体支持的立场之前，他们甚至不知道自己在许多问题上的立场。杰弗里·科恩（Geoffrey Cohen，2003）的一项研究与此相关，他将对福利政策的态度作为焦点问题，发现推荐政策的政党比政策的实际内容更能预测被试的支持立场。就好像这些被试在被告知哪个政党持支持的立场之前，他们并不知道自己在这个问题上的立场。伊夫塔赫·莱尔凯什（Yphtach Lelkes，2018）指出，许多党派人士不喜欢彼此，即使他们在大多数问题上没有太大的分歧。

大多数人在跨问题上的不一致表明，我们也许可以减轻党派极化助长的我侧偏差。我的建议是跟随**非**精英的脚步。更进一步，从你所在政党的角度来看，保持"不一致"。不要试图保持一致，因为许多被捆绑在一起来定义我们政党的问题，**并不是由任何一致的原则联系在一起的**。相反，它们只是被双方的党派精英为了政治利益而捆绑在一起的。[3]正如克里斯托弗·费德里科和阿里埃勒·马勒卡（Christopher Federico & Ariel Malka，2018，pp.34—35）所指出的，"政治精英战略性地捆绑了在实质上不同的政治偏好，并试图将这些偏好作为意识形态'出售'给公众……这种依赖'菜单'的表达性动机有时会导致一个人采取一个问题立场……却与他可能'自然而然地'喜欢的立场相反"。

然而，如果重大政治问题的确**不应该**非常紧密地凝聚在一起，那么对于我们这些希望驯服我们自己基于党派的我侧偏差（Clark & Winegard, 2020）的人来说，当面对一个我们一无所知的问题，我们采取某种立场只是因为我们所处的党派采取了同样的立场时，也许我们应该对这种行为持怀疑态度。理解两党立场捆绑背后的**任意性**[4]和党派利益应该有助于防止我们的党派偏差将可验信念变成远端信念。

重要的是，作为一名党派人士，你通常会支持一些你原本不会采取的立场，因为这些立场被政治活动家出于选举优势的原因捆绑在一起。在最坏的情况下，作为一名党派人士，你最终会支持你完全不相信的立场。西里斯科什·乔希（Hrishikesh Joshi, 2020）对这个问题进行了哲学分析，他将其定义为对现代党派偏差的认知挑战。他列举了我们用于疏导党派情感极化的一整套问题：枪支管制、治安、堕胎、公司监管、最低工资、对碳排放征税、非法移民、同性婚姻、基于种族的大学录取。他首先指出，在这些问题上的许多立场既可能是正交的也可能是相关的。乔希认为，具有讽刺意味的是，这种认知挑战对党派认知精英来说是最大的，因为他们在不同问题上表现出非常高的党派相关性（Lelkes, 2018; Mason, 2018a; Weeden & Kurzban, 2016）。由于他们与各自政党的立场高度一致，双方的党派认知精英彼此之间支持的各种立场实际上并不一致——事实上，其实是矛盾的。

我在第五章回顾的研究表明，政治分歧双方的支持者在知识、推理能力或认知倾向方面几乎没有党派差异。但是，借用乔希在他2020年的论文标题中的一句话来说，任何一方党派的支持者"对一切的判断都是正确的"是极不可能的。既然如此，根据乔希（2020）的分析，那些具有高问题相关性的人应该感受到最大的理性/反思压力来缓和他们的信念。

因此，这本书的读者及作者应该感受到最大的压力来缓和我们的党派偏差。我们，以及所有的认知精英，都是在不同问题上与政党保持高度一致的人，而不是认知资本较少的人（Weeden & Kurzban, 2016）。事实上，在现代的立场捆绑，或者说，费德里科和马勒卡（2018）所谓的"菜单"中，相当容易看到"断层"的存在。事实上，一些并列的事物似乎完全没有连续。想想看，保守派共和党人常说，他们支持传统价值观、稳定的家庭、有凝聚力的社区和自由市场资本主义。但问题在于，最后一项与前三项并不一致，因为世界上没有比不受限制的资本主义更具破坏性的力量了。我们的报纸和电子媒体的商业版面不断告诉我们，资本主义的"创造性破坏"（抛弃旧的生产方式以促进更高效的新生产方式）创造了令人印象深刻的物质财富，这很可能是真的。但被资本主义"创造性破坏"得最显著的东西就是传统价值观、稳定的社会结构、家庭和有凝聚力的社区。临时就业和即时制造业等新兴事物的兴起使得日常就业的时间和地点不稳定，从而扰乱了家庭生活。大卖场和电子商务摧毁了小城镇的商业区。保守派共和党人支持的传统价值观，经常与共和党人同样支持的全球资本主义催生的社会趋势发生冲突（Lind, 2020）。

同样，采取相互矛盾的问题立场也是自由派民主党人的特征。例如，自由派民主党人带头推动了应对未来全球变暖的立法。在许多自由主义城市，地方立法的形式是通过使汽车通勤更加困难和昂贵来鼓励人们骑自行车和乘坐公共交通工具。自由派人士也声称，在政治问题上，他们总是站在穷人一边。然而，这种对穷人的关切与推动城市层面的绿色倡议发生了严重冲突，因为提高驾驶成本后首当其冲的就是美国穷人，他们将是第一批被赶出汽车并登上公共汽车的人。富人很可能会简单地支付继续驾车所需的更高的DMV（美国机动车辆管理局）费用、车辆税、拥堵费和交通税。因此，民主党对气候变化的担忧和对穷人的支持正在自相矛盾，就像共和党的例子（全球资本主义和家庭价值观）那样。

事实上，在我们的党派辩论中，双方经常令人信服地指出**另**一方的立场是如何不一致或是以看似不连贯的方式保持一致的，而且这种策略经常被非常有效地使用。在堕胎辩论中，支持堕胎者经常指出反堕胎者的矛盾之处，因为反堕胎者希望保护未出生胎儿的生命，却不希望保护死因的生命。这种论点通常是有效和令人信服的。然而，反堕胎者也会反过来提出类似论点，他们会指出反对死刑却支持堕胎的倡导者的矛盾之处。后者似乎接受未出生者的死亡（至少在民主党内越来越多地接受出生前的死亡），但不接受罪犯的死亡。支持堕胎者经常反驳说因为死刑的存在很多无辜的人被处决了，但他们的反对者随后指出，**所有**未出生的人都是无辜的。支持堕胎者和反堕胎者都认为对方的观点自相矛盾，而且这种论述似乎都是令人信服的。按照乔希（2020）的观点，这里的规范性建议是，双方如果不能就两个问题都缓和自己的观点，至少也要在其中一个问题上缓和自己的观点。尽管党派思想领袖将这两个问题紧密捆绑在一起，但它们实际上比想象中要独立得多。

迈克尔·休默（2015）讨论了在我们当前政治中的几个看似很奇怪的立场捆绑的案例。动物权利的支持者希望将道德关怀的保护伞扩展到那些比人类更缺乏知觉和生物复杂性的动物上。休默（2015）指出，动物权利保护者似乎应该是反堕胎的支持者。胎儿的知觉和生物复杂性也很低，似乎正是最需要扩展道德保护的目标,而这也是动物保护立场的核心。然而,有关政治态度的经验研究结果一致显示,这种相关性令人震惊地朝着相反的方向发展:支持保护动物的人**更**有可能支持流产未出生的人类。例如,一些素食主义者因为蜂蜜可能对蜜蜂造成损害而不吃蜂蜜,结果却强烈地支持不受限制的堕胎。

尽管这里的相关性是否应该为负还有待探讨,但很难想象有一个连贯的道德原则能够将这两种态度(支持素食主义和堕胎)在**积极**的方向上相关联。需要明确的是,我并不是说在这些**特定**问题上的**任何**立场都是错误或不合理的,只是这两种相互冲突的道德判断的并置似乎更有可能是因为人们接受了这些问题的党派捆绑,而不是因为对每一个问题的独立思考。

其他捆绑的问题立场同样奇怪。为什么民主党会支持减免学生贷款债务是不清楚的,因为民主党谴责财富不平等,而减免学生贷款债务其实有利于更富裕人群的财富转移(Looney,2019)。特许学校的扩张受到民主党和大多数白人选民的反对(Barnum, 2019),然而,围绕这个问题同样出现了捆绑冲突,因为该党自称是少数族裔的支持者——但实际上非裔美国人和西班牙裔美国人比白人民主党人更支持特许学校。当然,这里的选举算盘并不是秘密——民主党想要安抚作为其联盟一部分的教师工会。但这只是我的观点。这种捆绑是出于政治原因,而不是原则原因。

政党内部可能发生的政策立场变化的速度和幅度强烈表明，问题立场的捆绑是出于政治的即时利益。共和党只用了几年时间就从奥巴马总统执政时期批评预算赤字的政党转变为特朗普执政时期对巨额赤字异常包容的政党（Alberta, 2019）。民主党也没过多久就从一个反对非法移民的政党（因为非法移民压低了低技能工人的工资）转变为支持庇护城市和几乎所有越境无证人员的政党（Borjas, 2016; Lind, 2020）。意识到这些转变是由选举战略的变化引起的，而不是遵守政治原则，可以帮助我们压制自己的我侧偏差。

要明白，你的政党是像一个社会身份群体一样运作的，而不是一个抽象的意识形态（Voelkel & Brandt, 2019），它捆绑问题是为了自己的利益，而不是你的利益。由此我建议，当遇到一个对你来说相对较新的问题时，你应该将其视为一个最多有一个轻微的非均匀先验的可验信念，而不是一个有信心以高先验概率来投射的远端信念。正是通过将党派信念外推到新问题上——这些问题实际上应该通过似然比而不是强有力的先验来决定——我们才会得到第二章中讨论的那种糟糕的我侧偏差。例如，你不应该仅仅因为你所在政党的立场就对健康储蓄账户或特许学校的有效性有信心。

为了避免任何误解，我想强调的是，作为一个政党的忠诚成员没有错。你属于你的政党，这可能是你的坚信。正如在第四章中所讨论的，这种坚信很可能反映了你的遗传背景和你的经历。不过，要明白，尽管你对政党的忠诚可能是你的一种坚信，但如果你不了解一个可验问题的技术细节，你就不应该仅仅因为这个问题是你政党立场"菜单"的一部分就对它投射一个自信的先验信念（Federico & Malka, 2018）。

认识到，党派部落主义让你更具有我侧偏差

当争论一个政治问题时，你的对手可能比你想象中更与你相似。这是因为，在许多情况下，真正的问题不在于政治问题本身，而在于党派。我的意思是，我们现代社会的分裂更多地是由党派关系驱动的，而不是由人们在实际立场上变得更加极端或更加一致驱动的。理解这种情况可能发生的统计逻辑很重要。如果我们知道对敌对政党的情感疏远更多地缘于媒体的商业策略和政党的选举策略，而不是我们与他们在关于美国社会的基本信念上渐行渐远，或许我们会对同为美国公民的他们抱有更多共情。

已经有很多文章提到过的所谓"大分类"（The Big Sort，参见Bishop, 2008）正在我们的社会中发生。几十年来，我们一直在地理上将自己划分为志同道合者的聚集区。我们不仅越来越多地和与我们有相同人口统计特征的人生活和社交，而且也更

多地与跟我们在个人习惯、娱乐选择、生活方式和政治方面相似的人相处。"大分类"导致政治和生活方式选择产生了一种有趣的集群模式。例如，在2012年的选举中，巴拉克·奥巴马赢得了美国77%的拥有全食（Whole Foods）食品商店的州，但他只赢得了美国29%的拥有Cracker Barrel餐厅的州（Wasserman，2014，2020）。因此，我们越来越多地生活在与我们政治观点相同的人身边（Golman et al., 2016）。例如，比尔·毕晓普（Bill Bishop, 2008）计算了有多少美国人生活在所谓的"压倒性州"（landslide counties）——在总统选举中，一名候选人以20%或更多的优势获胜的州。他发现，在1976年的总统选举中，26.8%的美国人生活在"压倒性州"。然而，到2008年总统选举时，47.6%的美国人生活在"压倒性州"——几乎一半的美国人生活在极端倾向于一个政党的州。

另一种正在发生的情况是，人们越来越一致地根据某些问题聚集成政党。这确实使每个政党与其竞争对手更加不同，但重要的是要理解这种现象会带来什么和不会带来什么。**不会**带来的一个结果是，人们在所讨论的问题上变得更加**极端**。根据问题进行的党派分类可以在态度分布没有任何变化的情况下发生。此外，仅仅根据政党进行分类并不一定会增加一个人内部信念的一致性。

因为这里有几个概念以彼此关联的方式在起作用，所以我认为使用小规模的统计模拟来说明可能会有所帮助。表6.1显示了一个假想的16人数据集并表明了被试的原始政党身份（政党A对政党B）、一些常见的人口统计变量（社会经济地位、性别、种族等）上的团体成员身份（X组对Y组），以及对两个问题的态度（简单地标记为问题1和问题2）。在这两个问题上，我用了1到10的记分，10表示对问题所体现的政策的最大支持，1表示对问题所体现的政策的最大反对。

表 6.1　关于政党分类的影响的数据模拟

被试	原始党派身份	团体身份	问题1	问题2	变更后的党派身份
1	A	X	5	8	B
2	A	X	4	3	B
3	A	X	9	6	A
4	A	X	8	5	A
5	A	Y	6	5	A
6	A	Y	8	9	A
7	A	Y	10	6	A
8	A	Y	7	8	A
9	B	X	6	4	B
10	B	X	7	8	B

被试	原始党派身份	团体身份	问题1	问题2	变更后的党派身份
11	B	X	3	2	B
12	B	X	2	5	B
13	B	Y	8	6	A
14	B	Y	7	4	B
15	B	Y	2	5	B
16	B	Y	8	6	A

相关性：

原始党派和问题1 = 0.37

原始党派和问题2 = 0.33

原始党派和团体身份 = 0.00

问题1和问题2 = 0.45

变更后党派和问题1 = 0.76

变更后党派和问题2 = 0.40

变更后党派和团体身份 = 0.50

在表6.1中，虽然原始党派身份与团体成员身份无关。然而，身为政党A的一员与问题1的立场和问题2的立场是相关的（相关性分别为0.37和0.33）。问题1的立场和问题2的立场是相关的，虽然相关性不高（0.45）。简而言之，在这个假想的数据集中，党派只是一个轻微的差异项。它只是与这两个问题上的立场（0.37和0.33）轻微相关，并且它与人口统计变量（我们的一个群体成员指标）完全无关（0.00的相关性）。此外，大多数被试在这两个问题上都没有那么极端（16人中只有4人在第1个问题上得分为1—2或9—10，16人中只有2人在第2个问题上得分为1—2或9—10）。

现在想象一下，这些被试中的一小部分对自己进行了分类——他们改变了政党。表6.1的最后一列反映了政党身份状态，16位被试中只有4位切换了政党。在表中，最后一列表明被试1和被试2已经从政党A切换到了政党B。这是可以理解的，因为政党A与问题1的**高**得分相关，而这两个被试对这个问题的支持度相当低（4和5）。最后一列还指出，被试13和被试16已经从政党B切换到了政党A。这也是可以理解的，因为政党A与问题1的高得分相关，而这两名被试对这个问题的支持度相当高（支持程度均为8）。

16名被试中有4名交换了党派，这是个相当少的数字。但注意，他们对这个模拟数据集中党派的分类特征产生了深远的影响，现在党派与问题之间的相关性更高了。问题1和政党A之间的相关性明显变得更强（从0.37升高到0.76），问题2和政党A之间的相关性也略微变强（从0.33升高到0.40）。然而，更重要的是,党派现在与团体成员身份有了一定的相关性(0.05),而以前它与团体成员身份完全无关(0.00的相关性)。在X团体的8名成员中,现在有6名在政党B,而在Y团体的8名成员中,现在有6名在政党A。参加一个政党现在不仅与这两个问题有了更强的联系,还与一位被试的人口统计变量群体有联系。无论这种群体成员身份在多大程度上代表了一位被试的身份,这种身份现在都与党派成员身份有着更强的联系。

从表6.1所模拟的情况中可以看出的重要一点是,我们可以在根本不改变人们对问题本身的立场的情况下加强党派偏差,也就是说,**问题的党派偏差**和**问题的一致性**不是一回事(Baldassarri & Gelman, 2008; Westfall et al., 2015)。具体来说,在模拟实验中,被试在问题1上的态度并不比他们之前更极端(16名被试中有12名对此持温和看法,从3到8不等),他们在问题2上的态度并不比之前更极端(16名被试中有14名对此持温和看法,从3到8不等)。重要的是,问题1和问题2之间的相关性与之前完全相同(0.45)。这在两个问题上的立场和以前一样,只有轻微相关——尽管现在这两个问题都与党派身份更相关了。

表6.1中的演示说明了我们选民的**实际**情况(Baldassarri & Gelman, 2008; Groenendyk, 2018; Johnston, Lavine & Federico, 2017; Mason, 2015)。政党越来越多地与问题立场和人口统计

数据联系在一起。由于党派关系与人口统计数据的相关性更高，许多研究表明在过去几十年中情感极化有所增加（比如 Iyengar, Sood & Lelkes, 2012; Iyengar et al., 2019; Pew Research Center, 2019）。例如，莉莉安娜·梅森（2018a）发现，党派认同比具体问题上的实际差异更能预测情感极化。在之前提到的一项研究中，伊夫塔赫·莱尔凯什（2018）发现，党派敌意会在一个问题的对立双方激起负面情绪，即使对立双方的成员在这个问题上其实并没有太大的分歧。

从数据来看，表6.1显示了为什么我们会出现这种"脱离具体问题的意识形态"（Mason, 2018a）的政治时刻——即使在公众没有太多分歧的问题上，政治对手也倾向于恶意地彼此针锋相对。一旦政党重组发生，我们与对手的人口统计数据和生活方式差异就会变得更加突出，尽管政策差异不大，但我们可能会感到与他们更加疏远。这最终会将一个问题上的抽象哲学立场变成一种发自内心的社会认同（Mason, 2015）。尽管问题分歧的程度根本没有扩大，但我们最终会在一个问题上产生更强烈的分歧。

党派分类正在破坏各政党之间所谓的"交叉身份"（Bougher, 2017; Iyengar et al., 2019; Johnston, Lavine & Federico, 2017; Lelkes, 2018; Mason, 2018b）。几十年前，美国民主党曾经包含相当一部分的反堕胎者，但现在情况就大不相同了（反堕胎的民主党候选人竞选国家职位几乎是不可想象的）。这些交叉身份以前可以削弱党派敌意。而现在则恰恰相反，梅森（2015）发现，实际上，党派愤怒随着一致性的增加而增加，与问题立场分布的任何变化无关，这正如表6.1中的模拟在理论上说明的那样。正如梅森（2015）所指出的，与人口统计身份一致的政党身份，比与人口统计身份不一致的政党身份更强。因此，我们的政治就有了部落的性质，最终造成"选民的偏差与愤怒超出了他们的问题立场本身所能解释的程度"（Mason, 2015, p.140）。

因此，重要的是不要让两极分化的**社会**因素渗透到我们对具体政策立场的推理中。当社会和部落的忠诚起作用时，我们往往会表现得更加集体化（groupish，海特2012年使用的术语），而这种集体化的一个方面是我们倾向于开始投射信念——我们倾向于表现出更多非规范性的我侧偏差。用梅森（2015）的比喻，我们开始表现得更像体育粉丝，而不是选择投资的银行家（见Johnston, Lavine & Federico, 2017）。从给人们提供更好的推理工具的角度来看，这里有一个好消息：对具体问题来说我侧偏差更少。这里的寓意是，在考虑具体问题时，相比从基于部落的忠诚和生活方式的社会层面来看的那样，其实你要更加接近你的同胞。

这些就是毕晓普（Bishop, 2008）最初描述的人口统计学大分类的含义，因为这种分类越来越多地渗透到政治领域。实际上，政党所做的（用一个我们都理解的类比）就是在你的高中里收集你讨厌的每种类型的孩子，并把他们聚集在一起。那些你讨厌的孩子现在已经长大了，毫不奇怪，他们看起来和你完全不同，他们的生活方式和你完全不同，并且他们和其他你不喜欢其生活方式的人组队——而且他们都加入了**另一个政党**！

尽管如此，研究表明，在具体问题上，无论这一问题是什么（未成年子女的税收减免、扩大特许学校、最低工资等），我们的同胞很可能不会觉得和我们有什么不同。如果我们温和地支持问题中的提议，即使他们反对，他们也很有可能只是温和地反对。只要我们的关注点是**具体问题**而**不是**整体的生活方式，其实我们与另一边的同胞没有太大的距离。当然，关注具体问题而抵制投射坚信的诱惑，正是我们为了避免在政治辩论中出现我侧偏差所需要做的。

反对身份政治，因为它放大了我侧偏差

如果我侧偏差是一把烧毁公共交流公地的火（Kahan, 2013; Kahan et al., 2017），那么身份政治就如同汽油，让可控的小火苗燃烧成一场史诗般的大火。乔纳森·劳赫（Jonathan Rauch, 2017）将身份政治定义为"围绕种族、性别、性等群体特征组织

的政治动员，而非政党、意识形态或金钱利益"。对于理解身份政治在助长我侧偏差方面的作用而言，劳赫的定义过于宽泛和不痛不痒，它对我们没有用。如果我们要理解身份政治在文化和政治话语中的毒害，就有必要关注它专门毒害智力辩论的版本——这个版本将大学校园从充满竞争思想的活跃论坛变成了群体思维的营地。

格雷格·卢金诺夫和乔纳森·海特（Greg Lukianoff & Haidt, 2018）明确区分了两类身份政治：共同人性（common-humanity）和共同敌人（common-enemy），这种区分方式给我们的讨论提供了一定帮助。共同人性身份政治是马丁·路德·金（Martin Luther King Jr.）所实践的类型。这种身份政治方法强调我们应该追求所有人类的普遍共同点，但随后指出某些群体被剥夺了所有人在普遍的社会概念下应该拥有的尊严和权利。

共同人性的身份政治对大学交流公地中的理性辩论没有任何问题。如果这是在学术圈流行的身份政治版本，学术圈也不至于发生危机。如果共同人性类型的身份政治在大学校园中实施，异见学会（Heterodox Academy）和个人教育权利基金会（Foundation for Individual Rights in Education, FIRE）等组织就没有必要存在；这类组织的年度报告中也不会存在对演讲者的质问、平台封禁和"歧视处理科"的恐吓等记录（Campbell & Manning, 2018; Kronman, 2019; Lukianoff & Haidt, 2018; Mac

Donald, 2018）；教授们也就不会因为在移民、性别差异、教育成就差距、堕胎、家庭结构、贫困、养育子女、性取向和犯罪率等重大的文化和社会行为主题上讨论了不支持政治正确结论的数据和理论，就为此付出职业代价（见Clark & Winegard, 2020; Crawford & Jussim, 2018; Jussim, 2018, 2019a, 2019b, 2019c; Kronman, 2019; Murray, 2019; Reilly, 2020）。教授可以写一篇专栏文章而不会受到同事的谴责［不同于埃米·瓦克斯（Amy Wax）；参见Lukianoff & Haidt, 2018; Mac Donald, 2018］。一位教授将可以反对让教师被迫写政治正确的多样性声明，而不会有其他教授说这是"危险的"，并敦促学生参加他们的课程（见Thompson, 2019）。简而言之，试图压制大学校园知识辩论的猖獗的我侧偏差不会受到马丁·路德·金所推动的那种身份政治的推动。

然而，这种压制大学校园知识辩论的我侧偏差**正是**被卢金诺夫和海特（2018）在他们的书中描述的**共同敌人**身份政治所激起的。他们的讨论细致入微，我在这里仅阐述最基本的要点。简而言之，在我们的大学里，许多身份观念以一种不连贯的方式混合在一起，其中包括：各种马克思主义、赫伯特·马尔库塞（Herbert Marcuse）著作中大量的"压制性宽容"（repressive tolerance）概念（见Wolff, Moore, and Marcuse, 1969, pp.95–137），以及一种被称为"交叉性"的现代学术时尚和批判理论（Pluckrose and Lindsay, 2020）。由此产生的教条"乱炖"实际上与马丁·路德·金的共同人性身份政治几乎相反。

共同敌人身份政治认为社会是由巨大的社会力量组成的，这些力量作用于非常大的人口类别。社会力量很大程度上是一种权力关系，能够根据一个人的人口统计类别（种族、性别、性取向等）等特征信息的组合，使这个人享有"特权"（privileged，定义为"主宰权力"）或受到压迫。在共同人性的群体政治中，如果将共同权利授予以前被排除在外的群体，没有人会遭受损失；而共同敌人战略则完全不同，其权力政治是严格的零和：它特别要求减少特权阶层的权力并将其重新分配给指定的"受害者群体"。某些人口统计类别和这些类别的组合被认为是比其他类别更大的受害者（结果被许多不同的作者描述为"压迫奥运会"，见Chua, 2018; Lilla, 2017）。他们都受到同一个共同敌人（白人异性恋男性）不同程度的压迫，这取决于他们的人口统计状况。

共同敌人身份政治不是想让特定受害者群体之间产生社会和文化上的融合，而是想**优先考虑**某些群体，尤其是在政治和争论的背景下。争论是我们这里关注的焦点，因为身份政治的不普遍性会放大我侧偏差并关闭智力讨论。"包容"[5]和"尊重多样性"的概念在当前的大学校园中得到了体现，它们鼓励学生认为智力话语永远不应该让他们感到不舒服（Kronman, 2019

和Lukianoff & Haidt, 2018很好地讨论了这一趋势）。对于共同敌人身份政治等级制度[6]中的特定受害者群体来说尤其如此，他们被引导去相信，他们要么应该借助表达痛苦感受结束一场讨论，要么通过迫使对话者尊重他们的意见来赢得讨论。

因此，共同敌人身份政治以两种方式扩大了我侧偏差。通过鼓励人们透过身份的透镜去看待每一个问题，它创造了一种趋势，让人们将关于可验命题的简单信念转化为全面的坚信（远端信念），然后投射到新的证据上。虽然我们的身份是我们自我叙事的核心。我们的许多信念都围绕着我们的身份展开，但这并不意味着每个问题都与我们的身份有关。大多数人知道其中的区别，所以不会总是把一个简单的可验命题视为一个坚信。然而，身份政治（从现在开始，我将要说的显然是共同敌人版本）鼓励其追随者看到权力关系**无处不在**，从而扩大被视为坚信的观点类别。然后作为第二步，身份政治认为来自指定受害者群体的人的坚信可以通过压倒来自没有"官方"受害者身份的人的不同意见，来赢得真正的智力争论。

因此，学生们习惯于从他们的身份群体（或群体的组合）的角度来构建所有论点。在大学里，当教授们听到"以X的身份说话"[7]这个短语时，他们总是知道会发生什么——从特定的人口统计类别角度来看论点的框架。从教授的角度来看，这种花招让讨论倒退了一英里，因为它一瞬间就颠覆了教授一直试图

发展的所有术语的认知风格（依赖逻辑和经验证据、使用操作
性术语、使用第三者视角）。

　　共同敌人的身份政治有一种特殊的方法来抬高和贬低论点
的价值。这种方法根本不是基于论点的逻辑或经验内容，而是
基于论点来源在压迫等级制度中的地位。这实际上是后现代学
术思想中的一个古老观点，即"被压迫者的认知特权"（我第一
次听到这个短语是在20世纪90年代初，在一次关于阅读教学的
会议上，而且不止一次听到！）。根据这个推理，如果你在受害
者奥运会上获得了更高等级的奖牌，你的论点就更有价值。下
一步是在那些没有被压迫的人继续发言和坚持他们的观点时找
到一种方法来处理这种情况。这就是马尔库塞的概念——"宽
容需要不宽容"（tolerance requires intolerance）的由来（见Wolff,
Moore & Marcuse, 1969, pp.95—137），并且这解释了在过去十
年中校园里不断发生的对演讲者进行的质问和平台封禁等现
象（见Ceci & Williams, 2018; Jussim, 2019c; Lukianoff & Haidt,
2018; Mac Donald, 2018）。共同敌人身份政治与马丁·路德·金
的共同人性身份政治截然不同的是，前者不是试图恢复平等，
而是希望**颠倒**权力关系。或者，正如卢金诺夫和海特（2018, p.66）
所阐述的那样："马尔库塞的革命的终点或目标不是平等，而是
权力的逆转。"

　　当然，所有这些都应该与教授在大学里试图教授的内容背

道而驰，我将在下一节中详细说明这一点。这里的重点是身份政治如何将可验命题转化成了坚信。身份政治几乎让所有社会文化内容变得与你的身份有关。如果它与你的身份有关，那么它总是会成为一种坚信；因此，身份政治会放大你在谈论任何事时表现出的我侧偏差。菲利普·泰特洛克（1986）的工作（我在上面关于"认识到，在你自己内部有冲突的价值观"一节中讨论过）与这一点也是相关的。泰特洛克发现，当被试意识到他们的价值观存在冲突时，他们思考问题能够最容易避免我侧偏差。泰特洛克警告"一元意识形态"，即所有价值观都来自一个单一的视角，并且这些价值观往往不会相互冲突，因此会导致强烈的我侧推理（Tetlock, 1986, p.820）。身份政治敦促人们从他们身份群体的单一视角发展他们的价值观，因此，就像其他"一元意识形态"一样，容易使社会中的我侧推理变得更糟。

作家和播客萨姆·哈里斯（Sam Harris）和埃兹拉·克莱因（Ezra Klein）（Harris, 2018）的一次备受讨论的广播节目是一个很好的例子，阐释了玩身份政治是如何让正常的社会交流戛然而止的。他们正在讨论萨姆·哈里斯与查尔斯·默里（Charles Murray）就智力和智力差异问题进行的一次采访。交流的关键部分如下。

埃兹拉·克莱因：你有那种令人困惑的经历，因为当你一直说其他人都在部落思维里但你没有时，你没有意识到我不这么认为。

萨姆·哈里斯：哦不，因为我知道我没有部落思维——

埃兹拉·克莱因：好吧，这就是我们产生分歧的原因……在一开始讨论默里时，你说你看着默里就好像看到了发生在你身上的事情。你认为这是理所当然的，你看到他身上发生了什么就好像看到你身上发生了什么。

萨姆·哈里斯：这不是部落主义。这只是在公共场合谈论想法的经验。

埃兹拉·克莱因：我们都有很多不同的身份，我们一直都是其中的一部分。我也是，我也有各种各样你叫得上名的身份。同时，所有这些都可能让我产生偏差，而问题是哪些身份占据主导地位，以及我如何通过我的信息收集和判断过程来平衡它们。我认为你在这方面的核心身份是作为一个觉得受到了政治正确暴徒不公平对待的人。

在这场对峙中，我们可以看到共同敌人身份政治所创造的部落主义者（克莱因）和反部落主义者（哈里斯）的两个不同的世界。克莱因想玩身份政治游戏——他想让哈里斯承认他也是部落的一员。哈里斯不想玩身份政治游戏——他希望克莱因同意从独立于身份的角度处理社会问题，在这个角度上，每个人都处于平等的地位。他希望克莱因至少尝试从中立的角度进行辩论——从类似哲学家托马斯·内格尔（Thomas Nagel, 1986）所说的"不知从何而来的观点"（the view from nowhere）。克莱因否认这种立场的存在，并认为这只是哈里斯为避免暴露其带有偏差的身份而玩的把戏——这种身份就是克莱因所说的部落视角。

哈里斯在这里反驳的原因显而易见，他知道克莱因想给他一个身份，比如富裕的白人异性恋男性，然后，利用通常的身份政治演算，贬低哈里斯的观点，认为它在这个话题——智力的个体差异——上受到质疑。尽管克莱因也是白人，但哈里斯知道，作为受害者政治身份群体的盟友和代表，克莱因将援引"以X的身份说话"，从理性讨论这一基点来看，这是身份政治中最有害的策略。

马克·莉拉（Mark Lilla, 2017, p.90）在讨论这一策略时提醒我们："这不是一个不痛不痒的短语。它告诉听众，我在这个问题上处于特权地位……它把观点的交锋变成了一种权力关系：谁能占据道德制高点，谁对被质疑者表达了最强烈的愤怒，谁就会是这场争论的赢家。"这种策略将身份视为争论中的一个筹码，而事实上，学生应该在大学学习的是如何将争论与无关的背景和无关的个人特征分离。良好的大学教育能教会学生将这种从无关因素中分离出的立场变成一种自然的习惯。相反，身份政治让我们对大学教育目的的观念倒退了大约100年，并特别鼓励学生采取这样的立场，即在智力斗争中赋予不可改变的人口统计特征额外的权重。

安东尼·克龙曼（Anthony Kronman, 2019）指出，如果一个人认为自己的感受和情绪应该在争论中具有实际分量，那么他相当于直接终止了对话。正如克龙曼（2019, p.115）所指出的：“援引这个想法的学生不是自己发明的这个想法。他们在跟随本应知道得更多的教师们的教导——这些教师无疑让苏格拉底大吃一惊，因为他们竟然让他们的学生遵从私人经验的力量，而不是努力以公正的眼光来评判观点。”情绪的正当价值不能被其他人评估，因为它完全是内在的，所以往往不受批评。克龙曼（2019）指出了所有教授都应该知道的事情：他们需要教他们的学生用智力命题来支持自己的观点，而这些命题必须是每个人都可以在共同的基础上进行评估的。事实上，在一所忠于其精神特质的大学里，唯一真正被允许的“以X的身份说话”是“以一个理性人的身份说话”，而许多大学教师已经可耻地放弃了这种精神特质。

在广播节目中，哈里斯非常清楚这一切将走向何方，这解释了他为何阻挠克莱因承认自己的身份群体[8]。正如莉拉（2017）所指出的，“以X的身份说话”这个短语实际上是在辩论中声称享有特权地位，因为“赢家”是援引道德上优越身份的人。哈里斯在与克莱因的交锋中如此坚持，可能就是担心争论下降到如此前现代的水平。毫无疑问，哈里斯迫切要求（在我看来，这是正确的）一个没有人声称享有特权的讨论。哈里斯希望双方都采取"以理性人的身份说话"的立场，这样他们的论点就可以根据各自的优点被评估，而不会因为我们无法控制的特征（种族、性别等）得到特殊的加分。

20世纪70年代末，当我开始在一个心理学学部教授批判性思维和科学思维时，每个教授的理想都是教学生像哈里斯希望克莱因做到的那样来思考。最好的做法是教导学生科学世界观中隐含的"不知从何而来的观点"所具有的反直觉优势，并指出依靠现在通常被称为"生活经验"的东西来判断知识主张的陷阱。我和我的学生讨论了在科学中，知识主张的真实性并不取决于提出主张的个人的信念强度，也不取决于直觉、权威或我们当时所谓的个人经验。所有非经验基础的信念体系，其问题在于它们没有在冲突主张中做出决定的机制。当每个人的主张都基于生活经验，但这些主张相互冲突时，我们如何决定谁的生活经验反映了真相？可悲的是，历史表明这种冲突的结果通常是权力斗争。

比起依赖于个人经验，科学会主张将知识公之于众，这样能以一种所有争论者都能接受的方式检验相互矛盾的观点。真正的科学主张是在公共领域提出的，在那里它们可以被批评、测试、改进，甚至可能被拒绝。这使得我们可以通过事先一致同意的和平机制在理论中进行选择，这就是为什么科学一直是人类历史上主要的人道主义力量。

在20世纪70年代，作为一名健谈的新教师，我试图将学生的注意力引向材料的重要性。在某些时候，我一定大声说过："科学不关心你的个人经历，也不关心你的感受！"这成功引起了学生的注意。如果我现在在教室里这样说，我敢肯定会有学生认为我在否认他们"生活经历"的意义，并说他们被冒犯了。然后可能就会有"偏差反应团队"来拜访我，而我就不得不给院长写便函来解释自己的行为了。

具有讽刺意味的是，在20世纪70年代，将学生从个人化世界观转向科学世界观——将学生从以自我为中心的视角（"以X的身份说话"）转向"不知从何而来的观点"——被视为政治上的**进步**。更宏观的假设是，揭示人类状况的客观真相将有助于建设一个公正的社会，而不是阻碍公正社会的建设。这种心态在现代大学里已经消失了。

保护对真理主张的科学裁决在大学校园里不再是公认的规范，至少从大学行政部门的官方政策来看是这样的。社会科学和人文学科教授现在必须在政治正确氛围中工作（这使异见学会和个人教育权利基金会等组织的发展变得至关重要）就是例证。新的常态就是萨姆·哈里斯在埃兹拉·克莱因身上体验到的，而大学现在也有可能站在克莱因一边。广泛的"多样性"和"包容性"行政基础设施并没有致力帮助学生吸收世界文化保存下来的最佳思想并以此为基础构建自己的独特模式。相反，"多样性"基础设施假设社会力量已经赋予学生一个预定的身份，而大学的作用则是确认学生对该身份的依恋。

沉溺于政治正确和身份政治，是公众不再信任大学作为证据中立仲裁者的原因。那就是，如果我们要纠正公共交流公地的糟糕状况，我们必须恢复大学作为寻求真理机构的价值。任何人都可以自由地在政治领域玩身份政治。你当然可以说"你已经拥有权力很长时间了，是时候把它给我了"，并以此作为一个**政治**论点，希望它能在道德上有说服力并说服你的对手。[9]或者，你也可以说"我所在的少数群体加起来比你的群体大，所以把权力给我和我的群体"，并以此作为一个**政治**论点。在这种情况下，身份是为权力政治服务的。这至少把身份政治放在了一个合适的地方。但是，当我们进行推理时，重点应该放在理性论证和正当信念上。在一所致力于推理和真正信念的大学里，身份政治没有一席之地。

重建大学，作为一种纠正我侧偏差的方式

上一节集中讨论了身份政治如何阻碍学生发展认知解耦（cognitive decoupling）技能的问题，而认知解耦技能正是避免我侧偏差所必需的。在这一节中，我将探讨大学[10]在培养这些技能方面所扮演的角色，并指出大学需要教育学生避免我侧偏差

所必需的习惯性解耦和去语境化模式,而大学内部的最新发展使得这一点变得更加困难。

什么是认知解耦,为什么它是避免我侧偏差的核心?解耦可以实现两个关键功能:抑制和持续模拟。第一个功能:抑制自动反应,其类似于在执行功能文献中所研究的功能(Kovacs & Conway, 2016; Miyake & Friedman, 2012; Nigg, 2017)。第二个功能至关重要,因为它能够支持假设推理(Evans, 2007, 2010; Evans & Stanovich, 2013; Oaksford & Chater, 2012; Stanovich & Toplak, 2012)。当我们进行假设推理时,我们创建了世界的临时模型,并在模拟世界中测试行为。亚里士多德在他的一句话中提到了假设性思维:"能够接收一个想法而不接受它,是受过教育的头脑的标志。"

然而,为了进行假设推理,我们必须能够防止我们对现实世界的表征与对想象情景的表征混淆。与真实世界解耦的表征能够做到这一点。处理这些所谓的"次要表征",即保持它们的解耦,是相当花费认知资源的。然而,出于模拟的目的启动这种解耦的**倾向**是一种与认知能力分离的性格变量(Stanovich, 2011)。这种倾向可以通过经验和训练来发展,这里的训练不仅是逻辑和推理方面的训练,还包括通过去语境化思维等非正式形式训练,这是大学许多学科的一部分。

许多不同的理论家都强调了去语境化过程在发展更高层次

思维过程中的重要性。例如，让·皮亚杰（Jean Piaget, 1972）对形式运算思维的概念化将去语境化机制置于至关重要的位置。同样，许多批判性思维文献的作者（例如Neimark, 1987; Paul, 1984, 1987; Siegel, 1988）都强调将去语境化模式，即去中心化、分离和去人格化模式作为理性思维的基本技能。在这些文献中逐渐显现的是一种采用他人视角的能力。避免我侧偏差正依赖于这种视角转换能力和倾向。

然而，视角转换能力也会受到限制，因为人类是认知上的"守财奴"——人们的基本倾向是默认使用低计算成本的处理机制。在过去50年的心理学和认知科学研究中，这是一个公认的主题（Dawes, 1976; Kahneman, 2011; Simon, 1955, 1956; Shah & Oppenheimer, 2008; Stanovich, 2018a; Taylor, 1981; Tversky & Kahneman, 1974）。吝啬的认知处理产生于计算效率的合理进化原因，但同样的效率也确保了其他视角获取（以避免我侧偏差）不会成为默认状态，因为我们已经知道，从另一个人的角度处理信息有很高的认知要求（Gilbert, Pelham & Krull, 1988; Taber & Lodge, 2006）。因此，避免我侧偏差所需的视角转换必须通过不断练习才能成为习惯。然而，身份政治阻止这种练习的发生，因为身份政治锁定了一种自动化的群体视角，基于预先赞同的群体立场进行语境化，并且将通过解耦进行视角转换视为对霸权父权制的背叛。

真正的视角转换——让我们以新的方式概念化世界的一种重构——需要一种与自我的疏离。它要求我们在构建事物时不总是从最容易建模的角度,这种角度不可避免地是我们自己的视角,以及我们最重要的亲和力群体的视角。因此,我们的默认框架导致了我侧偏差。正如我在第二章所讨论的那样,这种框架不总是错误的。但重要的是,年轻的大学生正处于需要学习**其他**框架策略的人生阶段。

在教授我的认知心理学课程时,我使用了西兰花和冰激凌的例子。有些认知过程的要求很高,但却是必要的,它们就像是西兰花。其他的思维倾向对我们来说是自然而然的,且对认知过程没有很高的要求,它们就像是冰激凌。我向我的学生指出,西兰花需要宣传队(营养但大家不爱吃),而冰激凌不需要。这就是为什么教育正确地强调了思维的"西兰花"方面,思维需要宣传队来克服默认为"冰激凌思维"的自然倾向。

视角转换也是一种认知角度的"西兰花"。让学生走出他们的身份或他们的部落的舒适区,这曾被视为大学的主要目的之一。但是,当大学只是简单地确认学生在上大学之前就已经假设的身份时,就很难再看到大学的附加价值了。大学强调身份政治,就如同在为冰激凌做广告。学生不需要被教导去享受他们长期持有的观点的安全性。他们需要被教导的是,跳出长期持有的舒适、安全的观点的好处,值得让他们冒险——从长远来看，我侧处理永远不会让他们对自己生活的世界有深刻的理解。

在公共交流公地，卡亨（2016, p.19）建议，为了促进解耦，我们需要"消除与政策相关的事实和对立的社会意义之间的联系，这些社会意义将它们转变为竞争群体的成员身份和忠诚徽章"。旨在做到这一点的机构是大学。正如上面哈里斯-克莱因交流中所讨论的，作为一个机构，大学过去常常采取哈里斯的立场。在我们的文化中，大学独特的认知作用是创造条件让学生们学习如何将论点和证据带入问题上，并教导他们不要将源于部落忠诚的坚信投射到对可验问题的证据评估上。大学教师应该认识到，身份政治的兴起是对他们教授分离论证和证据评估能力的威胁。作为一种一元意识形态（Tetlock, 1986），所有价值观都来自单一视角，身份政治将许多可验命题与基于身份的坚信纠缠在一起。它通过与卡亨（2016）的"处方"相反的方式——将政策相关事实的立场转化为基于群体的信念徽章——培养我侧偏差。过去几十年最令人沮丧的社会趋势之一是观察到一种攻击大学核心的智力使命的学说，而大学却成了这些学说的**支持者**。

可以预见的是，现代大学一些部门表现出的我侧偏差开始破坏人们对他们作为机构的信任，正如布雷特·温斯坦（Bret Weinstein, 2019）在推特（Twitter）上评论的那样："压迫研究的传播是对科学责任的放弃。随着大学提倡意识形态而不是探究，科学怀疑主义是不可避免的结果。"[11]

如果我们要解决卡亨（Kahan, 2013; Kahan et al., 2017）的"科学交流的公地悲剧"，也就是说如果我们要有一个能够在重要社会和公共政策问题的真相上趋同的社会，那么我们必须有一个机构，能够通过阻止将坚信投射到证据上来促进解耦。大学曾经服务于这一目的。然而如今，它们是上一节中描述的麻痹智力的身份政治的主要孵化器和提供者。事实上，鼓励身份政治的思维方式近年来已经广泛传播到企业界。谷歌的詹姆斯·达莫尔（James Damore）事件是一个显著的例子——一名员工被解雇，仅仅是因为他的文章包含了对关于性别差异的基本准确的社会科学发现的公正评论（Damore, 2017; Jussim, 2017b）。

2016年美国总统大选后，大学管理人员和教职员工普遍采取不恰当的党派立场，这强烈表明了大学未能在公共政策争端中成为证据的公平裁决者（见Campbell & Manning, 2018）。全国各地的许多教师取消了课程，还有一些人在课堂上公开谴责选举结果。密歇根大学校长马克·施利塞尔（Mark Schlissel）在选举后参加了一场"忧郁的守夜活动"，以"安慰"对选举结果不满的学生，并通过攻击当选总统来助长他们的情绪（Fournier, 2016）。对于一个公共机构来说，这是完全不恰当的行为，更不用说其很讽刺地发生在密歇根州，那里大多数人投票反对施利塞尔作为机构代表的政治立场。

坎贝尔和曼宁（Campbell & Manning, 2018）记录的机构不当行为的例子表明，大学已经达到了詹姆斯·汉金斯（James Hankins, 2020, p.12）所描述的制度临界点，即"如果你在非政治机构的所有同事都是进步的（或都是任何类型的政治激进分子），将机构政治化，并利用其权力实现与其正式目的无关的政治目标的诱惑就变得不可抗拒"。屈服于这种不可抗拒的诱惑的结果是，我们已经到了温斯坦警告过我们的那一步："随着大学提倡意识形态而不是探究，科学怀疑主义是不可避免的结果。"

当大学让学者难以在一个政治敏感的领域发表政治不正确的结论时，公众将开始怀疑大学的气氛也扭曲了**其他**充满政治色彩的领域的证据。当公众看到大学教师敦促对一位同事进行制裁，因为这位同事写了一篇文章，认为促进资产阶级价值观可以帮助穷人〔埃米·瓦克斯（Amy Wax）事件；见Lukianoff & Haidt, p.107〕时，那么不必惊讶，同样地，公众很可能会对大学教授进行的关于贫困和收入不平等的研究持怀疑态度。当公众看到一位教授在学术期刊上对跨种族主义和跨性别主义的概念进行比较后，却引得几十名同事签署了公开信要求撤回这篇文章〔丽贝卡·蒂韦尔（Rebecca Tuvel）事件；参见Lukianoff & Haidt, pp. 104-105〕，那么我们无须指责公众对大学在育儿、婚姻和收养等敏感话题上的研究持怀疑态度。当大学教师助长了对讨论两性不同兴趣状况证据的人的互联网攻讦（詹姆斯·达莫尔事件；见Jussim, 2018），那么我们也无须惊讶于公众对大学关于气候变化的研究持怀疑态度。简而言之，我们不应该感到惊讶的是，只有民主党人依然完全信任大学研究，而共和党人以及无党派人士都更加持怀疑态度（Blank & Shaw, 2015; Cofnas, Carl & Woodley of Menie, 2018; Funk et al., 2019; Gauchat, 2012; Pew Research Center, 2017）。

简而言之，身份政治左派已经成功地使某些研究结论在大学内被禁止，并使得任何大学教授（尤其是初级和无终身教职的教授）都很难发表和公开推广他们不喜欢的任何结论。教师如今在一系列主题上都会进行自我审查（Clark & Winegard, 2020; Honeycutt & Jussim, 2020; Peters et al., 2020; Zigerell, 2018）。身份政治理论家已经在校园里赢得了压制他们不喜欢的观点的战斗。然而，同样被政治化的教师和学生（以及越来越多的大学管理者）似乎看不到，他们胜利的代价之一是，他们让公众怀疑大学现在就敏感话题得出的**任何**结论。具有讽刺意味的是，甚至包括与理论家倡导的政治立场一致的结论。

大学对所有涉及身份政治的敏感话题的研究（有很多，如移民、种族定性、同性婚姻、收入不平等、大学录取偏差、性别差异、智力差异等）都不再可信。一些文化是否比其他文化更能促进人类繁荣，男性和女性是否有不同的兴趣和倾向，文化是否影响贫困率，智力是否部分可遗传，性别工资差距是否主要是由于歧视以外的因素造成的，基于种族的招生政策是否有一些意想不到的后果，传统的男性气质是否对社会有用，不同种族的犯罪率是否不同——这些都是现代大学在调查结果出炉之前就已经得出结论的话题（Campbell & Manning, 2018; Ceci & Williams, 2018; Jussim, 2018, 2019c; Lukianoff & Haidt, 2018; Mac Donald, 2018; Murray, 2019; Pluckrose & Lindsay, 2020）。正如克龙曼（2019, p.179）观察到的，在学术界之外，许多人准备就这些话题进行激烈的辩论，"但在学术界内部，这样做完全是通向孤立和耻辱的快捷通道"。

公众越来越多地意识到，大学已经恪守了一些主题的某种立场，因此公众非常理性地降低了对大学研究的信心。正如我们从本科生和研究生接受的波普尔（Popper）思维训练中所知的那样，如果研究证据科学地支持一个命题，那么这个命题本身必须是"可证伪的"——能够被证明是错误的。公众越来越意识到，在大学里，关于许多身份政治相关主题的各种结论都是事先规定好的，证伪已经不是一个可能的选项。我们现在在大学里已经有了完整的部门（所谓的"冤情研究"部门，参见Heying, 2018; Pluckrose, Lindsay & Boghossian, 2018），致力倡导而不是探究。任何带着证伪心态进入这些部门的人都会被扫地出门——这就是为什么从这些学术实体得出的具体命题的结论在科学上毫无价值。如果大学学者创造了一种压抑的氛围来阻止教师支持非A，或者提供支持非A命题的数据就需要付出过于沉重的声誉代价，那他们其实是在贬低支持结论A的数据。[12]

身份政治使得来自学术界的公共政策证据变得不可靠。[13]许多人对将基于大学的证据作为裁决公共政策问题的方式丧失了信心，而随着越来越多的人意识到不科学的行为甚至被允许在学术界本身的行政结构中传播，这种信心的丧失不断加剧。近年来，许多大学政策使用的术语和概念甚至没有通过最基本的社会科学标准。"微攻击""仇恨言论""强奸文化""社会正义""白人特权"等术语推动了政策行动，虽然这些术语都没有通过最基本的科学标准——在通用测量程序的操作性定义上有最低限度的一致意见。例如，"仇恨言论"没有一致的定义（Ceci & Williams, 2018; Chemerinsky & Gillman, 2017; Fish, 2019）。"微攻击"是奥威尔（Orwell）的"偏差反应团队"的目标之一，但本身是一个概念混乱的术语，没有一致的操作性定义（Lukianoff & Haidt, 2018）。利林菲尔德（Lilienfeld, 2017, 2019）在研究方面彻底解释了如何正确地为微攻击的概念奠定基础——将其地位从目前仅作为政治武器转变为行为科学概念——但实际上并没有得出成果。

事实上，"多样性"这一术语——现在大学中占主导地位的道德原则政策概念——仍然是模糊、定义不清的，却可以用于政治而非教育目的，这可能是因为它作为一个大学概念的奇怪起源——1978年刘易斯·鲍威尔（Lewis Powell）大法官在加州大学的董事诉巴克案（对其彻底的讨论见Kronman, 2019）中的打破平局的意见。这个概念在大学中以如此怪诞的方式变形，以至于它最终成为哈佛大学在公平入学学生组织诉哈佛大学案（Hartocollis, 2020）中的依据。实际上，哈佛大学在招生过程中歧视亚裔美国人并辩称（尽管不是在言语上）这是以多样性的道德概念的名义进行的。对其提起诉讼的亚裔学生团体提出了"公平录取学生"的论点，为了反对这一论点哈佛被迫辩称，其在招生政策中考虑种族"只会帮助，而不是伤害"学生的录取机会（Hartocollis, 2018; Ponnuru, 2019）。当然，我们希望高中生认识到，在零和博弈招生的背景下，这种论点是可笑的。最后，我们只看到一所著名大学用不合逻辑的论点来捍卫一个他们不会在操作层面定义的术语。无须批评公众不相信这些机构对紧迫问题的研究，因为这些机构自己经常陷入这种自私的我侧偏差。

大学在知识责任方面的巨大失败与我们的预期或希望完全相反。我们的期望应该是，大学将向人们教授哪些策略会助长我侧偏差，并致力创造一个不鼓励使用这些策略的环境。相反的情况经常发生，因为大学一次又一次地辜负它作为交流公地的责任。

以"差异谬误"为例（Clark & Winegard, 2020; Hughes, 2018; Sowell, 2019）。"差异谬误"是指，如果某一结果变量的差异被认为对身份政治的某一受害者群体不利，那么这一定是由于歧视造成的。这一谬误在大众媒体（近年来，《纽约时报》似乎是这一谬误最热情的倡导者之一）和政治讨论中很常见。由于我们当前信息丰富的环境，很容易有选择地寻找出一个让你的群体看起来像受害者的差异，差异谬误已经成为我侧偏差的主要来源。大学可以帮助减少由差异谬误助长的我侧论点的数量。大学中的心理学、社会学、政治学、经济学部门，它们包含能够测试差异是否可以用歧视以外的变量来解释的必要工具（回归分析、因果分析、混淆检测等）。大学有以差异谬误为代表的破坏性模因病毒的解药，但大学并没有积极地使用解药，实际上反而经常是谬误的**提供者**。当然，这在日益增多的"冤情研究"部门尤其如此，但即使在理论上应该更了解相关知识的部门，如心理学和社会学部门，也是如此。

例如，当政治竞选活动宣称女性和男性做同样的工作，男性赚1美元而女性只能赚77美分（或79美分，或81美分，数字不同）时，我们并不感到惊讶。但绝对令人震惊的是，许多大学生在完成大学学位后认为77美分的数字实际上是他们在大学学到的有洞察力的东西之一。在我们的社会中，意识到所谓的"性别薪酬差距"甚至被认为是文化成熟的标志。年轻人可以在酒吧以此作为谈资，以表明他们上过大学。

当然，事实上77美分是差异谬误的一个例子。77美分这个数字只是通过将所有工作女性的平均收入除以所有工作男性的平均收入得出的。女性的数字较低这一事实本身并不表明女性做同样的工作报酬较低。这只是简单的总收入，对许多不同职业做了平均。为了使这一数字切实与涉及歧视的假设完全一致，它必须被纠正（使用上述回归技术，这在所有社会科学部门都很常见），包括职业选择、工作经历、确切工作时间、资格、加班费、放弃非工资福利的意愿、对临时工作的意愿以及许多其他因素。当这些控制变量被应用于统计时，所谓的性别工资差距在很大程度上消失了。没有强有力的证据表明1美元与77美分像政治背景下经常声称的那样是由于工资率方面的性别歧视（Bertrand, Goldin, and Katz, 2010; Black et al., 2008; CONSAD Research Corporation, 2009; Kolesnikova & Liu, 2011; O'Neill & O'Neill, 2012; Phelan, 2018; Solberg & Laughlin, 1995）。大学教职员工如此（正确地）渴望纠正关于气候变化的公共虚假信息，但在试图纠正这一经常出现在传统媒体和每一场政治运动中的虚假信息时却不那么积极。

在非裔美国人被警察不成比例地杀害的声明中，差异谬误再次出现。事实证明，这一说法在政治上非常有用，但它再次源于使用未更正的统计数据,如总体犯罪率和遭遇警察的情况。当针对各种不同的基本比率进行计算后,数据揭示了差异谬误的存在。非裔美国人遭遇的致命的警察枪击事件的概率实际上不比白人遭遇的概率高(Fryer, 2019; Johnson et al., 2019; Lott & Moody, 2016; Miller et al., 2017)。但同样,因为使用差异作为歧视的直接指标在政治上是有用的,所以这种差异论点继续在媒体上得到应用,而最令人沮丧的是,在大学的部门中,人们会期望教授必要的分析工具来揭露谬误并纠正从中得出的推论。

差异谬误是现在党派辩论中用来制造我侧论点的主要工具之一。大学本应提供对抗我侧偏差的工具,而差异谬误存在于大学环境中恰恰代表了大学作为净化充满我侧偏差的公共交流空间的机制的另一个角度上的失败。比如,你会认为大多数大学教师不会赞成将发挥倡导作用而不是调查作用的部门、研究所和中心制度化。当然,倡导陷阱不仅限于"冤情研究"中心的身份政治,对于那些深受其害的研究人员来说,他们很容易从研究一种宗教转向倡导它,就像很容易从研究一种经济体系转向倡导一种经济体系一样。但在所有这些情况下,当研究任务转向倡导时,大学需要撤回支持,并加强其作为开放探究场所的使命——不要在调查开始之前就得出结论。

任何谴责大学内部知识单一文化的人,都不希望看到强制招聘不同意识形态领域的同等比例的人的配额制度。对于大多数担心这些知识趋势的人来说，意识形态配额和种族配额一样令人厌恶。但是现在大学内部存在违反自由探究道德的行为，"这些行为是制度错误的"几乎是一个普遍共识，而如今它们成了大学中我侧偏差的惊人助力。现在如果要申请初级教师职位以及晋升到更高级别，那么申请人需要陈述（自己支持）多样性、公平性和包容性，这就是一个很好的例子。

当一名教职员工或潜在的教职员工被要求写一份多样性声明时，他们当然也知道不要把"多样性"解释为**知识多样性**的含义。[14] 李·尤西姆（2019a）让我们想象一下他可能提交的多样性声明：他在课堂上对言论自由和审查制度的讨论，他在异见学会的成员身份，他在个人教育权利基金会的演讲，他在《华尔街日报》《奎莱特》杂志和《阿雷奥》（Areo）杂志发表的批评学术不宽容的文章，以及他对学术界政治不宽容的研究。任何熟悉现代学术界的人马上就会知道这样的声明将剥夺候选人获得新职位或晋升的资格，正如尤西姆（2019a）所说，大学现在"从本质上需要公开承诺投身社会正义行动"。

教师还知道，不要用促进学术界多样性的经典、古老的意义来解释"多样性"，也就是说，马丁·路德·金的共同人性版本的身份政治，即教员们努力以普世、公平的方式在课堂上接纳各种学生和各种观点，并不是所要求的解释多样性的意义。

在这个经典框架内撰写多样性声明的教职申请人在加州大学系统用于评价此类声明的标准中的得分非常低（University of California, 2018）。在他们的评分标准中，一封包含"我总是邀请和欢迎来自各种背景的学生参加我的研究实验室，事实上已经指导了几位女性"的信被列为得分**最低**的类别！同样，声明"多样性对科学很重要"也获得最低类别评级；而最高评级留给了"对不同身份产生的多样性维度的兴趣，如民族、社会经济、种族、性别、性取向……**这种理解可能来自个人经历**（黑体为本书作者所添加）"这样的陈述。阿比盖尔·汤普森（Abigail Thompson, 2019）认为，评分标准惩罚了那些认同将人视为个人而不是群体代表的信奉古典自由主义的人，评分标准强调："候选人必须认同一种特定的政治意识形态，一种基于将人不视为独特的个体，而是作为其性别和种族身份的代表的意识形态。"

诸如此类的评分标准清楚地表明，多样性声明旨在揭示当前或未来的教师是否接受共同敌人身份政治的假设，即某些群体受到美国其他群体的压迫，以及教师的政治信仰是否与关键的种族理论相匹配（Pluckrose & Lindsay, 2020）。这些多样性声明迫使教职员工支持一种特定的社会理论，而不是支持应该在致力开放探究的机构中发挥作用的许多其他理论。它们代表着终止探究而非开放探究的尝试。因为教师被迫在面对许多相互竞争的选择时，宣誓效忠一种特殊的社会理论，这些声明甚至比20世纪50年代的忠诚誓言更具规范性。

开放的探究，而不是灌输特定的信仰，曾经是大学的必要条件。随着多样性声明的出现，现在的目标似乎是部落化的：命令教职员工和学生对特定的政治内容忠诚。如果州立大学不停止对这种多样性声明的需要，那么州立法机构应该扣减这方面的资金。尽管教师工会和组织会将我的建议视为对整个机构的攻击，但事实并非如此。相反，强迫州立大学取消这些声明，并且希望说服私立大学能够效仿州立大学，将代表公众引导所有大学回归其真正使命的有效尝试。只有到那时，大学才能成为阻止正在破坏科学交流公地的我侧偏差的机构。

注　释

1. 在讨论全球变暖问题时，关注信念问题（就像人们被贴上"气候变化否认者"的标签那样）就是一个很好的例子。承认人类活动是全球变暖的一个重要因素，根本不能决定用多少经济增长来换取多少碳排放减少。

2. 在本章的后面部分，我们将看到还有另一种方式，即我们对某个特定问题的信念可能不是有意识的选择。一旦我们决定了党派立场，我们就倾向于允许党内精英为我们捆绑特定的问题立场。在许多情况下，除了知道我们的政党站在对这个问题的某种立场之外，我们根本没有考虑过这个问题。

3. 在统计基础上，多党政治制度更容易达成更连贯的问题捆绑。两党在美国政治制度中的主导地位特别有可能产生不连贯的捆绑。

4. 问题捆绑的历史变革以及问题之间的联系在文化层面上的偶然性，也应该向我们表明，对社会问题立场之间的联系不是基于深刻的政治哲学，而是反映了此时此地的选举条件（Federico & Malka, 2018）。

5. "包容"（inclusion）一词，现在常用于大学多样性的范畴，但它在特殊教育领域有一个更真诚朴素的历史。在那里，这个词是本着共同人类身份政治的精神来使用的（见 Lipsky & Gartner, 1997）。残疾人（以及他们的倡议者）只是想要享有与他们健康的同胞同样的教育权利。校园里使用的包容一词现在体现了共同敌人身份政治的策略，因为它被用来对某些特定群体的感情赋予特殊地位，因此他们拥有对共同的敌人行使沉默的特权。

6. 这就是为什么社会学家布拉德利·坎贝尔和贾森·曼宁（Bradley Campbell & Jason Manning, 2018）将共同敌人身份政治描述为反映受害者文化，将共同人类身份政治描述为反映尊严文化。

7. 戴维·兰德尔（David Randall, 2019）讨论了"以 X 的身份说话"的几个变体，比如"我以你不会使用的方式看待世界""你的观点让我感到被排斥""你只想保护你的特权"，并指出它们会摧毁每个人都是讨论中真诚参与者这一必要假设。

8. 在一篇关于身份政治逻辑的文章（Stanovich, 2018b）中，我建议萨姆·哈里斯同意选择一个身份，但不是提供给他的身份。挫败身份政治游戏的一种方法是不接受它的可接受身份列表。我建议哈里斯应该表明自己的立场会对埃兹拉·克莱因想要支持的党派政治团体（例如民主党）产生负面影响，让使用这种身份政治游戏的克莱因搬起石头砸自己的脚。事实上，哈里斯应该说："好吧，我会这样做的，我会明确采用一种身份观点，我会命名我的部落，并从它的角度进行辩论。我的部落是美国公民，对他们来说，公民身份比任何源自人口统计类别（种族、性别、民族、宗教、性取向、社会经济地位等）的身份都重要。我将把这个部落称为'公民美国人'（Citizen American），简称'C-Amer'"。我指出，科学理性主义的倡导者希望为他们处理社会问题的方法提出的许多论点，如果是从公认的

C-Amer 的角度提出的，就不会受到什么扭曲，这种角度的重点是个人（公民）在国家层面的认同（美国人）。C-Amer 的身份不会把简单的信念变成助长我侧偏差的信念。我认为，C-Amer 的身份揭示了克莱因和哈里斯玩的游戏的选举危险（electoral danger）——强迫一个人宣布自己的身份偏差，进而根据交叉受害者的规则对这种偏差进行削弱或放大。迫使以前没有身份认同的美国人进入他们不想参与的游戏，并让大量的美国人〔共和党人、伯尼·桑德斯选民、身份政治评论家；杰克逊（Jackson）或莫伊尼汉（Moynihan）民主党人、独立选民〕选择 C-Amer 身份对民主党人来说可能不是最佳结果。C-Amer 可能会决定，他们的观点不会因共同敌人身份政治的群体演算而贬值。我认为，类似的事情可能导致了 2016 年美国总统选举的惊人结果（参见 Zito & Todd, 2018）。

9. 我说这在政治上是一个**公平**的论点，并不意味着身份论点是一个很好的论点，即使政治上也是如此。我只是说，这个论点至少在它的正确的范畴中——而不是在它不会有立足之地的大学环境中。

10. 我将在这里关注大学，但当然媒体中越来越多的我侧偏差是另一个令人不安的趋势。围绕福克斯新闻等实体媒体的选择性曝光问题的情况有所增加，因为其他网络媒体如美国有线电视新闻网、微软全国广播公司，以及传统媒体如《纽约时报》（特别是在 2016 年大选之后）也采用或模仿他们的商业模式（Frost, 2019; McGinnis, 2019; Paresky et al., 2020）。

11. 布雷特·温斯坦（Bret Weinstein）是长青州立大学的进步教授，他在 2017 年反对一项拟议的校园行动，即让白人学生和教师离开学校一天。尽管温斯坦是进步政治事业的终身支持者，但他被学生称为种族主义者，成了有针对性的示威活动的对象，甚至流传起可笑的说法，称他是白人至上主义的支持者（Campbell & Manning, 2018）。他的大学行政部门，包括其校长，拒绝捍卫他的正直和他反对校园行动的权利。懦弱的教师几乎没有为他提供反对学生暴徒的支持。最后，温斯坦和他的妻子，也是同一所大学的一名教授，接受了通过辞职来和解（Campbell & Manning, 2018; Lukianoff & Haidt, 2018; Murray, 2019）。

12. 当然，当这种研究进入普通媒体时，我们对研究缺乏可信度的看法也大大加深了。例如，一位大学教授描述了《纽约时报》的研究，得出的结论是，你应该让你的婚姻"更同性恋"（gayer, Coontz, 2020），为什么？因为一项大学研究发现同性恋婚姻压力较小，矛盾较少。然而，公众越来越意识到，任何大学里的一名异性恋男性研究员如果发现同性恋情侣比异性恋情侣有更多的压力和紧张，他的研究生涯也就到此为止了。其次，他们越来越意识到，如果奇迹般地，这样的发现通过了社会科学期刊的审查过程，《纽约时报》永远不会选择它作为突出总结文章并拟题为"同性恋婚姻的缺点——更多的压力和紧张"；而实际上发表的文章（"同性配偶感到更满意"）会受到大家的热烈欢迎，《纽约时报》的读者想听到这个结论，而非相反的结论。学术界和《纽约时报》都只是在为愿意为我侧偏差买单的选民服务，他们都不是这个特定话题证据的中立仲裁者，公众越来越明白这一点。

13. 例如，乔纳森·特纳（Jonathan Turner, 2019；另见 al-Gharbi, 2018）担忧他的学科——社会学，正在破坏其自身影响公共政策的能力，并指出该学科中的许多真正的科学家士气低落，因为他们的领域已经从社会科学转变为社会运动。这些趋势对学术界的任何社会科学都没有好处。事实上，心理学中的智力单一文化（intellectual monoculture）已经让这个古老的笑话成为现实：心理学部门的存在是为了让民主党人可以说"研究表明……"。更严重的是，不久之后，评审机构肯定会更加意识到意识形态偏差，州立法机构和资助他们的州立大学的纳税人也会更加意识到意识形态偏差，为州立大学提供资金的纳税人也是如此。

14. 戴维·罗萨多（Rozado, 2019）对大学中"多样性"一词使用情况的定量研究清楚地表明，"多样性"一词不是用来促进**智力**多样性的。相反，该术语的使用侧重于人口统计群体。

致谢

在 21 世纪的第一个十年里，我的研究小组发表了一系列关于我侧偏差的论文（Macpherson and Stanovich, 2007; Stanovich and West, 2007, 2008a; Toplak and Stanovich, 2003），每篇论文都包含了一个令人惊讶的发现：我侧偏差并没有因认知能力的提高而减弱。在 2013 年"我侧偏差，理性思维与智力"（Myside Bias, Rational Thinking, and Intelligence, Stanovich, West, and Toplak, 2013）这篇论文中，我们总结了这些趋同的结果，强调了不同寻常的个体差异发现。在许多有关启发式和偏差的任务，包括那些看起来类似于我侧推理范式的任务（例如信念偏差任务）中，认知能力较高的被试能够更好地避免偏差。在这篇论文中，我们提供了一个简练的理论背景来帮助理解我们关于我侧偏差的奇怪发现。在本书中，我有机会相当详细地丰富我的理论，来帮助大家理解，为什么我侧偏差可能表现得与启发式和偏差的研究文献中的其他偏差不同——特别是在个体差异方面。

在我们 2013 年的论文中，没有探讨独立于认知复杂性起作用的偏差所具有的社会含义。正如我在本书第 5 章中更详细地描述的那样，在我们 2016 年关于理性思维的书《理商：如何评估理性思维》出版后，我们无视自己我侧偏差的政治含义对我来说变得更加明确。这些社会政治含义现在将在本书的后几章中被明确讨论。

虽然这本书是在没有资助的情况下写的，但我的实验室早期关于我侧偏差的实证研究工作得到了以下组织的慷慨资助：约翰·邓普顿基金会（John Templeton Foundation）给基思·E. 斯坦诺维奇和理查德·F. 韦斯特（Richard F. West）的资助；加拿大社会科学和人文研究委员会（Social Sciences and Humanities Research Council of Canada）的加拿大研究主席项目给基思·E. 斯坦诺维奇的资助；加拿大社会科学和人文研究委员会给玛吉·E. 托普拉克（Maggie E. Toplak）的资助。

感谢我在麻省理工学院出版社（MIT Press）的编辑菲尔·劳克林（Phil Laughlin），他从一开始就对这个项目充满热情。菲尔对本书和我之前的书的支持使他现在成了我的实验室所取得的科学成就背后的架构体系的一个关键组成部分。菲尔招募的三位匿名评论家对本书的大纲和结构提出了广泛而深刻的回应。项目一完成，玛吉·托普拉克和乔纳森·埃文斯（Jonathan Evans）就以他们的博学提供了反馈。理查德·韦斯特和安妮·坎宁安（Anne Cunningham）花了相当多的时间撰写早期的草稿。

然而，对于这本书，真正扮演麦克斯威尔·珀金斯（Maxwell Perkins）①一样人物的是我的妻子葆拉（Paula），她在本书编写之初就参与了每一章每一节的编辑工作。在2019年初秋，本书进度过半时，葆拉被诊断出了多种严重的心脏问题。随之而来的是大面积心脏手术，"斯坦诺维奇支持团队"的汤姆·哈根（Tom Hagen）和万达·奥格（Wanda Auger）在术前术后几天，以及安妮·坎宁安在葆拉出院回家的最初几天对她的照顾，大大减轻了她所承受的压力。"斯坦诺维奇支持团队"的宝贵成员还包括玛丽莲·克托伊（Marilyn Kertoy）（一如往常）和特里·尼达姆（Terry Needham），休·伯特（Sue Bert）和杰克·布德克（Jack Buddeke），迪·罗森布拉姆（Di Rosenblum）和马克·米特什昆（Mark Mitshkun）。也感谢加里（Gary）和迈克（Mike）的支持。手术后，葆拉和我一起疗养，继续一起写作和编辑。葆拉刚刚在医院接受心脏康复治疗，我们就听说了一种非常严重的病毒扩散的消息。几个星期

---

① 麦克斯威尔·珀金斯：是美国出版史上一位传奇人物和编辑。他曾为菲茨杰拉德、海明威、沃尔夫等著名作家编书。——译者注

后，我们就被隔离在家了。在隔离期间，我在葆拉的大力协助下写作这本书。终于，我完成了此书的写作，我将其和我的生命一起献给她。

Abelson, R. P. 1986. Beliefs are like possessions. *Journal of the Theory of Social Behaviour* 16 (3): 223-250.

Abelson, R. P. 1988. Conviction. *American Psychologist* 43 (4): 267-275.

Abelson, R. P. 1996. The secret existence of expressive behavior. In J. Friedman (Ed.), *The rational choice controversy*, 25-36. New Haven, CT: Yale University Press.

Abelson, R. P., and Prentice, D. 1989. Beliefs as possessions: A functional perspective. In A. Pratkanis, S. Breckler, and A. Greenwald, eds., *Attitudes, structure, and function*, 361–381. Hillsdale, NJ: Erlbaum.

Abramowitz, A. I., and Webster, S. W. 2016. The rise of negative partisanship and the nationalization of U.S. elections in the 21st century. *Electoral Studies* 41:12-22.

Abramowitz, A. I., and Webster, S. W. 2018. Negative partisanship: Why Americans dislike parties but behave like rabid partisans. *Political Psychology* 39 (S1): 119-135.

Abrams, S. 2016. Professors moved left since 1990s, rest of country did not.

Heterodox Academy (blog), January 9. https://heterodoxacademy.org/
professors-moved-left-but-country-did-not/

Aczel, B., Bago, B., Szollosi, A., Foldes, A., and Lukacs, B. 2015. Measuring
individual differences in decision biases: Methodological considerations.
Frontiers in Psychology 6. Article 1770. doi:10.3389/fpsyg.2015.01770.

Adorno, T. W., Frenkel-Brunswik, E., Levinson, D. J., and Sanford, R. N.
1950. *The authoritarian personality*. New York: Harper.

Ahn, W.-Y., Kishida, K., Gu, X., Lohrenz, T., Harvey, A., Alford, J., et al.
2014. Nonpolitical images evoke neural predictors of political ideology.
Current Biology 24 (22): 2693-2699.

Akerlof, G., and Kranton, R. 2010. *Identity economics*. Princeton: Princeton
University Press.

Alberta, T. 2019. *American carnage*. New York: HarperCollins.

Alford, J. R., and Hibbing, J. R. 2004. The origin of politics: An evolutionary
theory of political behavior. *Perspectives on Politics* 2 (4): 707-723.

al-Gharbi, M. 2018. Race and the race for the White House: On social research
in the age of Trump. *American Sociologist* 49 (4): 496–519.

Alloy, L. B., and Tabachnik, N. 1984. Assessment of covariation by humans
and animals: The joint influence of prior expectations and current
situational information. *Psychological Review* 91 (1): 112-149.

Altemeyer, B. 1981. *Right-wing authoritarianism*. Winnipeg: University of
Manitoba Press.

Anderson, E. 1993. *Value in ethics and economics*. Cambridge, MA: Harvard
University Press.

Andreoni, J., and Mylovanov, T. 2012. Diverging opinions. *American
Economic Journal: Microeconomics* 4 (1): 209-232.

Atran, S. 1998. Folk biology and the anthropology of science: Cognitive universals and cultural particulars. *Behavioral and Brain Sciences* 21 (4): 547-609.

Atran, S., and Henrich, J. 2010. The evolution of religion: How cognitive byproducts, adaptive learning heuristics, ritual displays, and group competition generate deep commitments to prosocial religions. *Biological Theory* 5 (1): 18-30.

Aunger, R., ed. 2000. *Darwinizing culture: The status of memetics as a science.* Oxford: Oxford University Press.

Aunger, R. 2002. *The electric meme: A new theory of how we think.* New York: Free Press.

Babcock, L., Loewenstein, G., Issacharoff, S., and Camerer, C. 1995. Biased judgments of fairness in bargaining. *American Economic Review* 85 (5): 1337-1343.

Baker, S. G., Patel, N., Von Gunten, C., Valentine, K. D., and Scherer, L. D. 2020. Interpreting politically charged numerical information: The influence of numeracy and problem difficulty on response accuracy. *Judgment and Decision Making* 15 (2): 203-213.

Baldassarri, D., and Gelman, A. 2008. Partisans without constraint: Political polarization and trends in American public opinion. *American Journal of Sociology* 114 (2): 408-446.

Bar-Hillel, M., Budescu, D., and Amar, M. 2008. Predicting World Cup results: Do goals seem more likely when they pay off? *Psychonomic Bulletin and Review* 15 (2): 278-283.

Barnum, M. 2019. New Democratic divide on charter schools emerges, as support plummets among white Democrats. *Chalkbeat*, May 14. https://

chalkbeat.org/posts/us /2019/05/14/charter-schools-democrats-race-polling-divide/

Baron, J. 1985. *Rationality and intelligence*. New York: Cambridge University Press.

Baron, J. 1988. *Thinking and deciding*. New York: Cambridge University Press.

Baron, J. 1991. Beliefs about thinking. In J. Voss, D. Perkins and J. Segal, eds., *Informal reasoning and education*, 169–186. Hillsdale, NJ: Erlbaum.

Baron, J. 1995. Myside bias in thinking about abortion. *Thinking and Reasoning* 1 (3): 221–235.

Baron, J. 1998. *Judgment misguided: Intuition and error in public decision making*. New York: Oxford University Press.

Baron, J. 2008. *Thinking and deciding*. 4th ed. Cambridge, MA: Cambridge University Press.

Baron, J. 2015. Supplement to Deppe and colleagues (2015). *Judgment and Decision Making* 10 (4): 1–2.

Baron, J. 2019. Actively open-minded thinking in politics. *Cognition* 188: 8–18.

Baron, J., and Leshner, S. 2000. How serious are expressions of protected values? *Journal of Experimental Psychology: Applied* 6 (3): 183–194.

Baron, J., and Spranca, M. 1997. Protected values. *Organizational Behavior and Human Decision Processes* 70 (1): 1–16.

Baron-Cohen, S. 2003. *The essential difference: The truth about the male and female brain*. New York: Basic Books.

Barrett, J. L. 2004. *Why would anyone believe in God?* Lanham, MD: AltaMira Press.

Bartels, D. M., and Medin, D. L. 2007. Are morally-motivated decision makers insensitive to the consequences of their choices? *Psychological Science* 18 (1): 24-28.

Bartels, L. M. 2002. Beyond the running tally: Partisan bias in political perceptions. *Political Behavior* 24 (2): 117–150.

Baumard, N., and Boyer, P. 2013. Religious beliefs as reflective elaborations on intuitions: A modified dual-process model. *Current Directions in Psychological Science*. 22 (4): 295-300.

Bazerman, M., and Moore, D. A. 2008. *Judgment in managerial decision making*. 7th ed. New York: John Wiley.

Bell, E., Schermer, J. A., and Vernon, P. A. 2009. The origins of political attitudes and behaviours: An analysis using twins. *Canadian Journal of Political Science* 42 (4): 855-879.

Bénabou, R., and Tirole, J. 2011. Identity, morals, and taboos: Beliefs as assets. *Quarterly Journal of Economics* 126 (2): 805–855.

Benoit, J., and Dubra, J. 2016. A theory of rational attitude polarization. *SSRN*. March 24. https://ssrn.com/abstract=2754316 or http://dx.doi.org/10.2139/ssrn.2754316.

Berezow, A., and Campbell, H. 2012. *Science left behind: Feel-good fallacies and the rise of the anti-scientific left*. New York: Public Access.

Bering, J. M. 2006. The folk psychology of souls. *Behavioral and Brain Sciences* 29 (5): 453-498.

Bertrand, M., Goldin, C., and Katz, L. 2010. Dynamics of the gender gap for young professionals in the financial and corporate sectors. *American Economic Journal: Applied Economics* 2 (3): 228-255.

Beyth-Marom, R., and Fischhoff, B. 1983. Diagnosticity and

pseudodiagnosticity. *Journal of Personality and Social Psychology* 45 (6): 1185–1195.

Bikales, J., and Goodman, J. 2020. Plurality of surveyed Harvard faculty support Warren in presidential race. *Harvard Crimson*, March3. https://www.thecrimson.com/article/2020/3/3/faculty-support-warren-president/#disqus_thread

Bishop, B. 2008. *The big sort: Why the clustering of like-minded America is tearing us apart.* New York: First Mariner Books.

Black, D., Haviland, A., Sanders, S., and Taylor, L. 2008. Gender wage disparities among the highly educated. *Journal of Human Resources* 43 (3): 630–659.

Blackmore, S. 1999. *The meme machine.* New York: Oxford University Press.

Blackmore, S. 2000. The memes' eye view. In R. Aunger, ed., *Darwinizing culture: The status of memetics as a science*, 25–42. Oxford: Oxford University Press.

Blackmore, S. 2010. Why I no longer believe religion is a virus of the mind. *Guardian*, September 16. https://www.theguardian.com/commentisfree/belief/2010/sep/16/why-no-longer-believe-religion-virus-mind

Blank, J. M., and Shaw, D. 2015. Does partisanship shape attitudes toward science and public policy? The case for ideology and religion. *Annals of the American Academy of Political and Social Science* 658 (1): 18-35.

Block, J., and Block, J. H. 2006. Nursery school personality and political orientation two decades later. *Journal of Research in Personality* 40 (5): 734–749.

Bloom, P. 2004. *Descartes' baby.* New York: Basic Books.

Bolsen, T., and Palm, R. 2020. Motivated reasoning and political decision making. In W. Thompson, ed., *Oxford Research Encyclopedia, Politics*. doi:10.1093/acrefore/9780190228637.013.923. https://oxfordre.com/politics/politics/view/10.1093/acrefore/9780190228637.001.0001/acrefore-9780190228637-e-923

Borjas, G. J. 2016. *We wanted workers: Unraveling the immigration narrative*. New York: Norton.

Bouchard, T. J., and McGue, M. 2003. Genetic and environmental influences on human psychological differences. *Journal of Neurobiology* 54 (1): 4-45.

Boudry, M., and Braeckman, J. 2011. Immunizing strategies and epistemic defense mechanisms. *Philosophia* 39 (1): 145–161.

Boudry, M., and Braeckman, J. 2012. How convenient! The epistemic rationale of self-validating belief systems. *Philosophical Psychology* 25 (3): 341–364.

Bougher, L. D. 2017. The correlates of discord: Identity, issue alignment, and political hostility in polarized America. *Political Behavior* 39 (3): 731–762.

Bovens, L., and Hartmann, P. 2003. *Bayesian epistemology*. Oxford: Oxford University Press.

Boyer, P. 2001. *Religion explained: The evolutionary origins of religious thought*. New York: Basic Books.

Boyer, P. 2018. *Minds make societies*. New Haven: Yale University Press.

Brandt, M. J. 2017. Predicting ideological prejudice. *Psychological Science* 28 (6): 713–722.

Brandt, M. J., and Crawford, J. T. 2016. Answering unresolved questions about the relationship between cognitive ability and prejudice. *Social*

Psychological and Personality Science 7 (8): 884–892.

Brandt, M. J., and Crawford, J. T. 2019. Studying a heterogeneous array of target groups can help us understand prejudice. *Current Directions in Psychological Science* 28 (3): 292–298.

Brandt, M. J., Reyna, C., Chambers, J. R., Crawford, J. T., and Wetherell, G. 2014. The ideological-conflict hypothesis: Intolerance among both liberals and conservatives. *Current Directions in Psychological Science* 23 (1): 27–34.

Brandt, M. J., and Van Tongeren, D. R. 2017. People both high and low on religious fundamentalism are prejudiced toward dissimilar groups. *Journal of Personality and Social Psychology* 112 (1): 76–97.

Brennan, G., and Hamlin, A. 1998. Expressive voting and electoral equilibrium. *Public Choice* 95 (1–2): 149–175.

Brennan, G., and Lomasky, L. 1993. *Democracy and decision: The pure theory of electoral preference.* Cambridge: Cambridge University Press.

Brennan, J. 2016. Trump won because voters are ignorant, literally. *Foreign Policy*, November 10. https://foreignpolicy.com/2016/11/10/the-dance-of-the-dunces-trump-clinton-election-republican-democrat/

Bruine de Bruin, W., Parker, A. M., and Fischhoff, B. 2007. Individual differences in adult decision-making competence. *Journal of Personality and Social Psychology* 92 (5): 938–956.

Bullock, J. G. 2009. Partisan bias and the Bayesian ideal in the study of public opinion. *Journal of Politics* 71 (3): 1109–1124.

Bullock, J. G., Gerber, A. S., Hill, S. J., and Huber, G. A. 2015. Partisan bias in factual beliefs about politics. *Quarterly Journal of Political Science* 10 (4): 519–578.

Bullock, J. G., and Lenz, G. 2019. Partisan bias in surveys. *Annual Review of Political Science* 22 (1): 325–342.

Burger, A. M., Pfattheicher, S., and Jauch, M. 2020. The role of motivation in the association of political ideology with cognitive performance. *Cognition* 195. Article 104124.

Buss, D. M., and Schmitt, D. P. 2011. Evolutionary psychology and feminism. *Sex Roles* 64 (9–10): 768–787.

Buss, D. M., and von Hippel, W. 2018. Psychological barriers to evolutionary psychology: Ideological bias and coalitional adaptations. *Archives of Scientific Psychology* 6 (1): 148–158.

Campbell, B., and Manning, J. 2018. *The rise of victimhood culture*. New York: Palgrave Macmillan.

Campbell, T. H., and Kay, A. C. 2014. Solution aversion: On the relation between ideology and motivated disbelief. *Journal of Personality and Social Psychology* 107 (5): 809–824.

Caplan, B. 2007. *The myth of the rational voter: Why democracies choose bad policies*. Princeton: Princeton University Press.

Caplan, B., and Miller, S. C. 2010. Intelligence makes people think like economists: Evidence from the General Social Survey. *Intelligence* 38 (6): 636–647.

Cardiff, C. F., and Klein, D. B. 2005. Faculty partisan affiliations in all disciplines: A voter-registration study. *Critical Review* 17 (3–4): 237–255.

Carl, N. 2014a. Cognitive ability and party identity in the United States. *Intelligence* 47:3–9.

Carl, N. 2014b. Verbal intelligence is correlated with socially and economically liberal beliefs. *Intelligence* 44:142–148.

Carl, N., Cofnas, N., and Woodley of Menie, M. A. 2016. Scientific literacy, optimism about science and conservatism. *Personality and Individual Differences* 94: 299–302.

Carney, D. R., Jost, J. T., Gosling, S. D., and Potter, J. 2008. The secret lives of liberals and conservatives: Personality profiles, interaction styles, and the things they leave behind. *Political Psychology* 29 (16): 807–840.

Carney, R. K., and Enos, R. 2019. Conservatism, just world belief, and racism: An experimental investigation of the attitudes measured by modern racism scales. 2017 NYU CESS Experiments Conference. Working paper under review. http://wwwrileycarney.com/research; or https://pdfs. semanticscholar.org/ad3f/1d704c09d5a80c9b3af6b8abb8013881c4a3. pdf.

Carraro, L., Castelli, L., and Macchiella, C. 2011. The automatic conservative: Ideology-based attentional asymmetries in the processing of valenced information. PloS One 6 (11). e26456. https://doi.org/10.1371/journal. pone.0026456.

Carroll, J. B. 1993. *Human cognitive abilities: A survey of factor-analytic studies.* Cambridge: Cambridge University Press.

Cattell, R. B. 1963. Theory for fluid and crystallized intelligence: A critical experiment. *Journal of Educational Psychology* 54 (1): 1–22.

Cattell, R. B. 1998. Where is intelligence? Some answers from the triadic theory. In J. J. McArdle and R. W. Woodcock, eds., *Human cognitive abilities in theory and practice*, 29–38. Mahwah, NJ: Erlbaum.

Cavalli-Sforza, L. L., and Feldman, M. W. 1981. *Cultural transmission and evolution: A quantitative approach.* Princeton: Princeton University Press.

Ceci, S. J., and Williams, W. M. 2018. Who decides what is acceptable speech on campus? Why restricting free speech is not the answer. *Perspectives on Psychological Science* 13 (3): 299–323.

Chambers, J. R., Schlenker, B. R., and Collisson, B. 2013. Ideology and prejudice: The role of value conflicts. *Psychological Science* 24 (2): 140–149.

Charney, E. 2015. Liberal bias and the five-factor model. *Behavioral and Brain Sciences* 38:e139. doi:10.1017/S0140525X14001174.

Chater, N., and Loewenstein, G. 2016. The under-appreciated drive for sensemaking. *Journal of Economic Behavior & Organization* 126 Part B:137–154.

Chen, S., Duckworth, K., and Chaiken, S. 1999. Motivated heuristic and systematic processing. *Psychological Inquiry* 10 (1): 44–49.

Chemerinsky, E., and Gillman, H. 2017. *Free speech on campus.* New Haven: Yale University Press.

Chetty, R., Hendren, N., Kline, P., Saez, E., and Turner, N. 2014. Is the United States still a land of opportunity? Recent trends in intergenerational mobility. *American Economic Review* 104 (5): 141–147.

Chua, A. 2018. *Political tribes.* New York: Penguin.

Churchland, P. M. 1989. *A neurocomputational perspective: The nature of mind and the structure of science.* Cambridge, MA: MIT Press.

Churchland, P. M. 1995. *The engine of reason, the seat of the soul: A philosophical journey into the brain.* Cambridge, MA: MIT Press.

Claassen, R. L., and Ensley, M. J. 2016. Motivated reasoning and yard-sign-stealing partisans: Mine is a likable rogue, yours is a degenerate criminal. *Political Behavior* 38 (2): 317–335.

Clark, C. J., Liu, B. S., Winegard, B. M., and Ditto, P. H. 2019. Tribalism is human nature. *Current Directions in Psychological Science* 28 (6): 587–592.

Clark, C. J., and Winegard, B. M. 2020. Tribalism in war and peace: The nature and evolution of ideological epistemology and its significance for modern social science. *Psychological Inquiry* 31 (1): 1–22.

Cofnas, N., Carl, N., and Woodley of Menie, M. A. 2018. Does activism in social science explain conservatives' distrust of scientists? *American Sociologist* 49 (1): 135–148.

Cohen, G. L. 2003. Party over policy: The dominating impact of group influence on political beliefs. *Journal of Personality and Social Psychology* 85 (5): 808–822.

Colman, A. M. 1995. *Game theory and its applications.* Oxford: Butterworth-Heinemann.

Colman, A. M. 2003. Cooperation, psychological game theory, and limitations of rationality in social interaction. *Behavioral and Brain Sciences* 26 (2): 139–198.

CONSAD Research Corporation. 2009. An analysis of the reasons for the disparity in wages between men and women. January 12. U.S. Department of Labor, Contract Number GS-23F-02598. https://www.shrm.org/hr-today/public-policy/hr-public-policy-issues/Documents/Gender%20Wage%20Gap%20Final%20Report.pdf.

Conway, L. G., Gornick, L. J., Houck, S. C., Anderson, C., Stockert, J., Sessoms, D., and McCue, K. 2016. Are conservatives really more simple-minded than liberals? The domain specificity of complex thinking. *Political Psychology* 37 (6): 777–798.

Conway, L. G., Houck, S. C., Gornick, L. J., and Repke, M. A. 2018. Finding the Loch Ness monster: Left-wing authoritarianism in the United States. *Political Psychology* 39 (5): 1049–1067.

Cook, J., and Lewandowsky, S. 2016. Rational irrationality: Modeling climate change belief polarization using Bayesian networks. *Topics in Cognitive Science* 8 (1): 160–179.

Coontz, S. 2020. How to make your marriage gayer. *New York Times*, February 13. https://www.nytimes.com/2020/02/13/opinion/sunday/marriage-housework-gender-happiness.html.

Correll, J., Judd, C. M., Park, B., and Wittenbrink, B. 2010. Measuring prejudice, stereotypes and discrimination. In J. F. Dovidio, M. Hewstone, P. Glick, and V. M. Esses, eds., *The SAGE handbook of prejudice, stereotyping and discrimination*, 45–62. Thousand Oaks, CA: Sage.

Costa, P. T., and McCrae, R. R. 1992. *Revised NEO personality inventory*. Odessa, FL: Psychological Assessment Resources.

Crawford, J. T. 2014. Ideological symmetries and asymmetries in political intolerance and prejudice toward political activist groups. *Journal of Experimental Social Psychology* 55: 284–298.

Crawford, J. T. 2017. Are conservatives more sensitive to threat than liberals? It depends on how we define threat and conservatism. *Social Cognition* 35 (4): 354–373.

Crawford, J. T. 2018. The politics of the psychology of prejudice. In J. T. Crawford and L. Jussim, eds., *The politics of social psychology*, 99–115. New York: Routledge.

Crawford, J. T., and Brandt, M. J. 2020. Ideological (a)symmetries in prejudice and intergroup bias. *Current Opinion in Behavioral Sciences* 34: 40–45.

Crawford, J. T., Brandt, M. J., Inbar, Y., Chambers, J., and Motyl, M. 2017. Social and economic ideologies differentially predict prejudice across the political spectrum, but social issues are most divisive. *Journal of Personality and Social Psychology* 112 (3): 383–412.

Crawford, J. T., and Jussim, L., eds. 2018. *The politics of social psychology*. New York: Routledge.

Crawford, J. T., Kay, S. A., and Duke, K. E. 2015. Speaking out of both sides of their mouths: Biased political judgments within (and between) individuals. *Social Psychological and Personality Science* 6 (4): 422–430.

Crawford, J. T., and Pilanski, J. M. 2014. Political intolerance, right and left. *Political Psychology* 35 (6): 841–851.

Dagnall, N., Drinkwater, K., Parker, A., Denovan, A., and Parton, M. 2015. Conspiracy theory and cognitive style: A worldview. *Frontiers in Psychology* 6. Article 206. doi:10.3389/fpsyg.2015.00206.

Damore, J. 2017. Google's ideological Echo chamber: How bias clouds our thinking about diversity and inclusion. July. https://assets.documentcloud.org/documents/3914586/Googles-Ideological-Echo-Chamber.pdf.

Dawes, R. M. 1976. Shallow psychology. In J. S. Carroll and J. W. Payne, eds., *Cognition and social behavior*, 3–11. Hillsdale, NJ: Erlbaum.

Dawes, R. M. 1989. Statistical criteria for establishing a truly false consensus effect. *Journal of Experimental Social Psychology* 25 (1): 1–17.

Dawes, R. M. 1990. The potential nonfalsity of the false consensus effect. In R. M. Hogarth, ed., *Insights into decision making*, 179–199. Chicago: University of Chicago Press.

Dawkins, R. 1976/1989. *The selfish gene*. New York: Oxford University Press.

Dawkins, R. 1982. *The extended phenotype*. New York: Oxford University Press.

Dawkins, R. 1993. Viruses of the mind. In B. Dahlbom, ed., *Dennett and his critics: Demystifying mind*, 13–27. Cambridge, MA: Blackwell.

Dawson, E., Gilovich, T., and Regan, D. T. 2002. Motivated reasoning and performance on the Wason selection task. *Personality and Social Psychology Bulletin* 28 (10): 1379–1387.

Deary, I. J. 2013. Intelligence. *Current Biology* 23 (16): R673–R676.

De Finetti, B. 1989. Probabilism: A critical essay on the theory of probability and on the value of science. *Erkenntnis* 31 (2–3): 169–223.

De Neve, J.-E. 2015. Personality, childhood experience, and political ideology. *Political Psychology* 36: 55–73.

De Neys, W. 2006. Dual processing in reasoning—Two systems but one reasoner. *Psychological Science* 17: 428–433.

De Neys, W. 2012. Bias and conflict: A case for logical intuitions. *Perspectives on Psychological Science* 7: 28–38.

De Neys, W., ed. 2018. *Dual process theory* 2.0. London: Routledge.

De Neys, W., and Pennycook, G. 2019. Logic, fast and slow: Advances in dual-process theorizing. *Current Directions in Psychological Science* 28 (5): 503–509.

Dennett, D. C. 1991. *Consciousness explained*. Boston: Little, Brown.

Dennett, D. C. 1995. *Darwin's dangerous idea: Evolution and the meanings of life*. New York: Simon & Schuster.

Dennett, D. C. 1996. *Kinds of minds: Toward an understanding of consciousness*. New York: Basic Books.

Dennett, D. C. 2017. *From bacteria to Bach and back*. New York: Norton.

Dentakos, S., Saoud, W., Ackerman, R., and Toplak, M. E. 2019. Does domain matter? Monitoring accuracy across domains. *Metacognition and Learning* 14 (3): 413–436. https://doi.org/10.1007/s11409-019-09198-4.

Deppe, K. D., Gonzalez, F. J., Neiman, J. L., Jacobs, C. M., Pahlke, J., Smith, K. B., and Hibbing, J. R. 2015. Reflective liberals and intuitive conservatives: A look at the Cognitive Reflection Test and ideology. *Judgment and Decision Making* 10 (4): 314–331.

Ding, D., Chen, Y., Lai, J., Chen, X., Han, M., and Zhang, X. 2020. Belief bias effect in older adults: Roles of working memory and need for cognition. *Frontiers in Psychology* 10. Article 2940. doi:10.3389/fpsyg.2019.02940.

Distin, K. 2005. *The selfish meme.* Cambridge: Cambridge University Press.

Ditto, P., Liu, B., Clark, C., Wojcik, S., Chen, E., Grady, R. et al. 2019a. At least bias is bipartisan: A meta-analytic comparison of partisan bias in liberals and conservatives. *Perspectives on Psychological Science* 14 (2): 273–291.

Ditto, P., Liu, B., Clark, C., Wojcik, S., Chen, E., Grady, R. et al. 2019b. Partisan bias and its discontents. *Perspectives on Psychological Science* 14 (2): 304–316.

Ditto, P., Liu, B., and Wojcik, S. 2012. Is anything sacred anymore? *Psychological Inquiry* 23 (2): 155–161.

Ditto, P., and Lopez, D. 1992. Motivated skepticism: Use of differential decision criteria for preferred and nonpreferred conclusions. *Journal of Personality and Social Psychology* 63 (4): 568–584.

Dodd, M. D., Balzer, A., Jacobs, C. M., Gruszczynski, M. W., Smith, K. B., and Hibbing, J. R. 2012. The political left rolls with the good and the political right confronts the bad: Connecting physiology and cognition to preferences. *Philosophical Transactions of the Royal Society B: Biological Sciences* 367 (1589): 640–649.

Domo. 2018. Data never sleeps 6.0. https://www.domo.com/solution/data-never-sleeps-6.

Druckman, J. N. 2012. The politics of motivation. *Critical Review* 24 (2): 199–216.

Druckman, J. N., and McGrath, M. C. 2019. The evidence for motivated reasoning in climate change preference formation. *Nature Climate Change* 9 (2): 111–119.

Drummond, C., and Fischhoff, B. 2017. Individuals with greater science literacy and education have more polarized beliefs on controversial science topics. *Proceedings of the National Academy of Sciences* 114 (36): 9587–9592. http://www.pnas.org/content/114/36/9587t.doi:10.1073/pnas.1704882114.

Drummond, C., and Fischhoff, B. 2019. Does "putting on your thinking cap" reduce myside bias in evaluation of scientific evidence? *Thinking & Reasoning* 25 (4): 477–505.

Duarte, J. L., Crawford, J. T., Stern, C., Haidt, J., Jussim, L., and Tetlock, P. E. 2015. Political diversity will improve social psychological science. *Behavioral and Brain Sciences* 38:e130. doi:10.1017/S0140525X14000430.

Dunbar, R. 1998. The social brain hypothesis. *Evolutionary Anthropology* 6 (5): 178–190. doi:10.1002/(SICI)1520-6505(1998)6:5<178::AID-EVAN5>3.0.CO;2-8.

Dunbar, R. 2016. *Human evolution: Our brains and behavior*. New York: Oxford University Press.

Durham, W. 1991. *Coevolution: Genes, culture, and human diversity*. Stanford: Stanford University Press.

Earman, J. 1992. *Bayes or bust*. Cambridge, MA: MIT Press.

Edsall, T. 2018. The Democrats' left turn is not an illusion. *New York Times*, October 18. https://www.nytimes.com/2018/10/18/opinion/democrat-electorate-left-turn.html.

Edwards, K., and Smith, E. E. 1996. A disconfirmation bias in the evaluation of arguments. *Journal of Personality and Social Psychology* 71 (1): 5–24.

Edwards, W. 1982. Conservatism in human information processing. In D. Kahneman, P. Slovic, and A. Tversky, eds., *Judgment under uncertainty: Heuristics and biases*, 359–369. New York: Cambridge University Press.

Ehret, P. J., Sparks, A. C., and Sherman, D. K. 2017. Support for environmental protection: An integration of ideological-consistency and information-deficit models. *Environmental Politics* 26 (2): 253–277.

Eichmeier, A., and Stenhouse, N. 2019. Differences that don't make much difference: Party asymmetry in open-minded cognitive styles has little relationship to information processing behavior. *Research & Politics* 6 (3). doi:10.1177/2053168019872045.

Eil, D., and Rao, J. M. 2011. The good news-bad news effect: Asymmetric processing of objective information about yourself. *American Economic Journal: Microeconomics* 3 (2): 114–138.

Elster, J. 1983. *Sour grapes: Studies in the subversion of rationality*. Cambridge: Cambridge University Press.

Enders, A. M. 2019. Conspiratorial thinking and political constraint. *Public Opinion Quarterly* 83 (3): 510–533.

Epley, N., and Gilovich, T. 2016. The mechanics of motivated reasoning.

Journal of Economic Perspectives 30 (3): 133–140.

Evans, J. St. B. T. 1989. *Bias in human reasoning: Causes and consequences.* Hove, UK: Erlbaum.

Evans, J. St. B. T. 1996. Deciding before you think: Relevance and reasoning in the selection task. *British Journal of Psychology* 87 (2): 223–240.

Evans, J. St. B. T. 2007. *Hypothetical thinking: Dual processes in reasoning and judgment.* New York: Psychology Press.

Evans, J. St. B. T. 2010. *Thinking twice: Two minds in one brain.* Oxford: Oxford University Press.

Evans, J. St. B. T. 2017. Belief bias in deductive reasoning. In R. Pohl, ed., *Cognitive illusions*, 2nd ed., 165–181. London: Routledge.

Evans, J. St. B. T. 2019. Reflections on reflection: The nature and function of type 2 processes in dual-process theories of reasoning. *Thinking and Reasoning* 25 (4): 383–415.

Evans, J. St. B. T., Over, D. E., and Manktelow, K. 1993. Reasoning, decision making and rationality. *Cognition* 49 (1–2): 165–187.

Evans, J. St. B. T., and Stanovich, K. E. 2013. Dual-process theories of higher cognition: Advancing the debate. *Perspectives on Psychological Science* 8 (3): 223–241.

Evans, J. St. B. T., and Wason, P. C. 1976. Rationalization in a reasoning task. *British Journal of Psychology* 67 (4): 479–486.

Everett, J. 2013. The 12 item Social and Economic Conservatism Scale (SECS). *PloS One* 8 (12). e82131. doi:10.1371/journal.pone.0082131.

Facebook. (n.d.). Wikipedia. Retrieved March 2, 2020. https://en.wikipedia.org/wiki/Facebook#User_growth.

Fatke, M. 2017. Personality traits and political ideology: A first global assessment. *Political Psychology* 38 (5): 881–899.

Fazio, R. H. 2007. Attitudes as object–evaluation associations of varying strength. *Social Cognition* 25 (5): 603–637.

Feather, N. T. 1964. Acceptance and rejection of arguments in relation to attitude strength, critical ability, and intolerance of inconsistency. *Journal of Abnormal and Social Psychology* 69 (2): 127–136.

Federico, C. M., and Malka, A. 2018. The contingent, contextual nature of the relationship between needs for security and certainty and political preferences: Evidence and implications. *Political Psychology* 39 (S1): 3–48.

Feldman, S., and Huddy, L. 2014. Not so simple: The multidimensional nature and diverse origins of political ideology. *Behavioral and Brain Sciences* 37 (3): 312–313.

Feldman, S., and Johnston, C. 2014. Understanding the determinants of political ideology: implications of structural complexity. *Political Psychology* 35 (3): 337–358.

Finucane, M. L., Alhakami, A., Slovic, P., and Johnson, S. M. 2000. The affect heuristic in judgments of risks and benefits. *Journal of Behavioral Decision Making* 13 (1): 1–17.

Finucane, M. L., and Gullion, C. M. 2010. Developing a tool for measuring the decision-making competence of older adults. *Psychology and Aging* 25 (2): 271–288.

Fischhoff, B., and Beyth-Marom, R. 1983. Hypothesis evaluation from a Bayesian perspective. *Psychological Review* 90 (3): 239–260.

Fish, S. 2019. *The first: How to think about hate speech, campus speech, religious speech, fake news, post-truth, and Donald Trump*. New York:

One Signal.

Fisher, M., and Keil, F. C. 2014. The illusion of argument justification. *Journal of Experimental Psychology: General* 143 (1): 425–433.

Flynn, D. J., Nyhan, B., and Reifler, J. 2017. The nature and origins of misperceptions: Understanding false and unsupported beliefs about politics. *Advances in Political Psychology* 38 (S1): 127–150.

Fodor, J. A. 1983. *The modularity of mind.* Cambridge, MA: MIT Press.

Foley, R. 1991. Rationality, belief, and commitment. *Synthese*, 89 (3): 365–392.

Fournier, H. 2016. UM students' petition condemns Schlissel's anti-Trump statements. *Detroit News*, November 14. https://www.detroitnews.com/story/news/2016/11/14/um-students-condemn-schlissels-anti-trump-statements/93802864/.

Fraley, R. C., Griffin, B. N., Belsky, J., and Roisman, G. I. 2012. Developmental antecedents of political ideology: A longitudinal investigation from birth to age 18 years. *Psychological Science* 23 (11): 1425–1431.

Frank, T. 2004. *What's the matter with Kansas?* New York: Metropolitan Books.

Frederick, S. 2005. Cognitive reflection and decision making. *Journal of Economic Perspectives* 19 (4): 25–42.

French, D. 2018. Let's talk about "tolerance." *National Review*, April 6. https://www.nationalreview.com/2018/04/lets-talk-about-tolerance/.

Friedrich, J. 1993. Primary error detection and minimization (PEDMIN) strategies in social cognition: A reinterpretation of confirmation bias phenomena. *Psychological Review* 100 (2): 298–319.

Frizell, S. 2016. Why conservatives praise Bernie Sanders on immigration. *Time*, January 7. https://time.com/4170591/bernie-sanders-immigration-conservatives/.

Frost, A. A'L. 2019. Why the left can't stand the *New York Times*. *Columbia Journalism Review*, winter. https://www.cjr.org/special_report/why-the-left-cant-stand-the-new-york-times.php.

Fryer, R. G. 2019. An empirical analysis of racial differences in police use of force. *Journal of Political Economy* 127 (3): 1210–1261.

Fuller, R. 2019. *In defence of democracy*. Cambridge: Polity Press.

Funk, C., Hefferon, M., Kennedy. B., and Johnson, C. 2019. Trust and mistrust in American's views of scientific experts. *Pew Research Center*. August 2. https://www.pewresearch.org/science/2019/08/02/trust-and-mistrust-in-americans-views-of-scientific-experts/.

Funk, C. L., Smith, K. B., Alford, J. R., Hibbing, M. V., Eaton, N. R., Krueger, R. F., et al. 2013. Genetic and environmental transmission of political orientations. *Political Psychology* 34 (6): 805–819.

Gampa, A., Wojcik, S. P., Motyl, M., Nosek, B. A., and Ditto, P. H. 2019. (Ideo)logical reasoning: Ideology impairs sound reasoning. *Social Psychological and Personality Science* 10 (8): 1075–1083.

Ganzach, Y. 2016. Cognitive ability and party identity: No important differences between Democrats and Republicans. *Intelligence* 58:18–21.

Ganzach, Y., Hanoch, Y., and Choma, B. L. 2019. Attitudes toward presidential candidates in the 2012 and 2016 American elections: Cognitive ability and support for Trump. *Social Psychological and Personality Science* 10 (7): 924–934.

Gauchat, G. 2012. Politicization of science in the public sphere: A study of public trust in the United States, 1974 to 2010. *American Sociological Review* 77 (2): 167–187. doi:10.1177/0003122412438225

Gentzkow, M., and Shapiro, J. 2006. Media bias and reputation. *Journal of Political Economy* 114 (2): 280–316.

Gerber, A. S., and Green, D. P. 1998. Rational learning and partisan attitudes. *American Journal of Political Science* 42 (3): 794–818.

Gerber, A. S., and Huber, G. A. 2010. Partisanship, political control, and economic assessments. *American Journal of Political Science* 54 (1): 153–173.

Gershman, S. J. 2019. How to never be wrong. *Psychonomic Bulletin & Review* 26 (1): 13–28.

Gibbard, A. 1990. *Wise choices, apt feelings*. Cambridge, MA: Harvard University Press.

Gilbert, D. T., Pelham, B. W., and Krull, D. S. 1988. On cognitive busyness: When person perceivers meet persons perceived. *Journal of Personality and Social Psychology* 54 (5): 733–740.

Gilinsky, A., and Judd, B. B. 1994. Working memory and bias in reasoning across the life span. *Psychology and Aging* 9 (3): 356–371.

Gintis, H. 2007. A framework for the unification of the behavioral sciences. *Behavioral and Brain Sciences* 30 (1): 1–61.

Glick, P., and Fiske, S. T. 1996. The ambivalent sexism inventory: Differentiating hostile and benevolent sexism. *Journal of Personality and Social Psychology* 70 (3): 491–512.

Goertzel, T. 1994. Belief in conspiracy theories. *Political Psychology* 15 (4): 731–742.

Goldberg, Z. 2018. Serwer error: Misunderstanding Trump voters.

Quillette, January 1. https://quillette.com/2018/01/01/serwer-error-misunderstanding-trump-voters/.

Goldberg, Z. 2019. America's white saviors. *Tablet*, June 5. https://www.tabletmag.com/jewish-news-and-politics/284875/americas-white-saviors.

Golman, R., Hagmann, D., and Loewenstein, G. 2017. Information avoidance. *Journal of Economic Literature* 55 (1), 96–135.

Golman, R., Loewenstein, G., Moene, K., and Zarri, L. 2016. The preference for belief consonance. *Journal of Economic Perspectives* 30 (3): 165–188.

Goodhart, D. 2017. *The road to somewhere*. London: Hurst.

Grant, J. 2011. *Denying science: Conspiracy theories, media distortions, and the war against reality*. Amherst, NY: Prometheus Books.

Greene, J. D. 2013. *Moral tribes: Emotion, reason, and the gap between us and them*. New York: Penguin.

Groenendyk, E. 2018. Competing motives in a polarized electorate: Political responsiveness, identity defensiveness, and the rise of partisan antipathy. *Political Psychology* 39 (S1): 159–171.

Grynbaum, M., and Koblin, J. 2017. For solace and solidarity in the Trump age, liberals turn the TV back on. *New York Times*, March 12. https://www.nytimes.com/2017/03/12/business/trump-television-ratings-liberals.html.

Gul, P., and Kupfer, T. R. 2019. Benevolent sexism and mate preferences. *Personality and Social Psychology Bulletin* 45 (1): 146–161.

Hahn, U., and Harris, A. J. L. 2014. What does it mean to be biased: Motivated reasoning and rationality. In B. H. Ross, ed., *Psychology of Learning and Motivation*, 61:41–102. Academic Press.

Haidt, J. 2001. The emotional dog and its rational tail: A social intuitionist approach to moral judgment. *Psychological Review* 108 (4): 814–834.

Haidt, J. 2012. *The righteous mind: Why good people are divided by politics and religion*. New York: Pantheon.

Haidt, J. 2016. When and why nationalism beats globalism. *American Interest*, July 10. https://www.the-american-interest.com/2016/07/10/when-and-why-nationalism-beats-globalism/.

Haier, R. J. 2016. *The neuroscience of intelligence*. Cambridge: Cambridge University Press.

Hamilton, L. C. 2011. Education, politics and opinions about climate change evidence for interaction effects. *Climatic Change* 104 (2): 231–242.

Handley, S. J., Capon, A., Beveridge, M., Dennis, I., and Evans, J. St. B. T. 2004. Working memory, inhibitory control and the development of children's reasoning. *Thinking and Reasoning* 10 (2): 175–195.

Hankins, J. 2020. Hyperpartisanship: A barbarous term for a barbarous age. *Claremont Review of Books* 20 (1): 8–17.

Haran, U., Ritov, I., and Mellers, B. A. 2013. The role of actively open-minded thinking in information acquisition, accuracy, and calibration. *Judgment and Decision Making* 8 (3): 188–201.

Harari, Y. N. 2018. *21 Lessons for the 21st century*. New York: Spiegel & Grau.

Hardin, G. 1968. The tragedy of the commons. *Science* 162 (3859): 1243–1248.

Hargreaves Heap, S. P. 1992. Rationality. In S. P. Hargreaves Heap, M. Hollis, B. Lyons, R. Sugden, and A. Weale, eds., *The theory of choice: A critical guide*, 3–25. Oxford: Blackwell.

Harris, J. R. 1995. Where is the child's environment? A group socialization theory of development. *Psychological Review* 102 (3): 458–489.

Harris, S. 2018. Identity and honesty. Making Sense Podcast, #123, April 9. https://samharris.org/podcasts/123-identity-honesty/.

Hart, W., Albarracin, D., Eagly, A. H., Brechan, I., Lindberg, M. J., and Merrill, L. 2009. Feeling validated versus being correct: A meta-analysis of selective exposure to information. *Psychological Bulletin* 135 (4): 555–588.

Hartocollis, A. 2018. Harvard's admissions process, once secret, is unveiled in affirmative action trial. *New York Times*, October 19. https://www.nytimes.com/2018/10/19/us/harvard-admissions-affirmative-action.html.

Hartocollis, A. 2020. The affirmative action battle at Harvard is not over. *New York Times*, October 19. https://www.nytimes.com/2020/02/18/us/affirmative-action-harvard.html.

Haselton, M. G., and Buss, D. M. 2000. Error management theory: a new perspective on biases in cross-sex mind reading. *Journal of Personality and Social Psychology* 78 (1): 81–91.

Haselton, M. G., Nettle, D., and Murray, D. J. 2016. The evolution of cognitive bias. In D. M. Buss, ed., *The handbook of evolutionary psychology*, 968–987. New York: JohnWiley.

Haslam, N. 2016. Concept creep: Psychology's expanding concepts of harm and pathology. *Psychological Inquiry* 27 (1): 1–17.

Hastorf, A. H., and Cantril, H. 1954. They saw a game: A case study. *Journal of Abnormal and Social Psychology* 49 (1): 129–134.

Hatemi, P. K., Gillespie, N. A., Eaves, L. J., Maher, B. S., Webb, B. T., Heath, A. C., et al. 2011. A genome-wide analysis of liberal and conservative political attitudes. *Journal of Politics* 73 (1): 271–285.

Hatemi, P. K., and McDermott, R. 2012. The genetics of politics: Discovery, challenges, and progress. *Trends in Genetics* 28 (10): 525–533.

Hatemi, P. K., and McDermott, R. 2016. Give me attitudes. *Annual Review of Political Science* 19 (1): 331–350.

Heer, J. 2016. Are Donald Trump's supporters idiots? *New Republic*, May 11. https://newrepublic.com/minutes/133447/donald-trumps-supporters-idiots.

Henry, P. J., and Napier, J. L. 2017. Education is related to greater ideological prejudice. *Public Opinion Quarterly* 81 (4): 930–942.

Henry, P. J., and Sears, D. O. 2002. The Symbolic Racism 2000 Scale. *Political Psychology* 23 (2): 253–283.

Heying, H. 2018. Grievance studies vs. the scientific method. *Medium*, November 1. https://medium.com/@heyingh/grievance-studies-goes-after-the-scientific-method-63b6cfd9c913.

Hibbing, J. R., Smith, K. B., and Alford, J. R. 2014a. Differences in negativity bias underlie variations in political ideology. *Behavioral and Brain Sciences* 37 (3): 297–307. doi:10.1017/S0140525X13001192.

Hibbing, J. R., Smith, K. B., and Alford, J. R. 2014b. *Predisposed: Liberals, conservatives, and the biology of political differences*. New York: Routledge.

Hirschman, A. O. 1986. *Rival views of market society and other recent essays*. New York: Viking.

Hirsh, J. B., DeYoung, C. G., Xu, X., and Peterson, J. B. 2010. Compassionate liberals and polite conservatives: Associations of agreeableness with political ideology and moral values. *Personality and Social Psychology*

Bulletin 36 (5): 655–664.

Hoch, S. J. 1987. Perceived consensus and predictive accuracy: The pros and cons of projection. *Journal of Personality and Social Psychology* 53 (2): 221–234.

Hollis, M. 1992. Ethical preferences. In S. Hargreaves Heap, M. Hollis, B. Lyons, R. Sugden, and A. Weale, eds., *The theory of choice: A critical guide*, 308–310. Oxford: Blackwell.

Honeycutt, N., and Jussim, L. 2020. A model of political bias in social science research. *Psychological Inquiry* 31 (1): 73–85.

Hopkins, D. J., Sides, J., and Citrin, J. 2019. The muted consequences of correct information about immigration. *Journal of Politics* 81 (1): 315–320. doi:10.1086/699914.

Horn, J. L., and Cattell, R. B. 1967. Age differences in fluid and crystallized intelligence. *Acta Psychologica* 26:1–23.

Horowitz, M., Haynor, A., and Kickham, K. 2018. Sociology's sacred victims and the politics of knowledge: Moral foundations theory and disciplinary controversies. *American Sociologist* 49 (4): 459–495.

Horwitz, J. 2020. Facebook delivers long-awaited trove of data to outside researchers. *Wall Street Journal*, February 13. https://www.wsj.com/articles/facebook-delivers-long-awaited-trove-of-data-to-outside-researchers-11581602403.

Houston, D. A., and Fazio, R. H. 1989. Biased processing as a function of attitude accessibility: Making objective judgments subjectively. *Social Cognition* 7 (1): 51–66.

Howe, L. C., and Krosnick, J. A. 2017. Attitude strength. *Annual Review of Psychology* 68:327–351.

Howson, C., and Urbach, P. 1993. *Scientific reasoning: The Bayesian approach*. 2nd ed. Chicago: Open Court.

Huddy, L., Mason, L., and Aaroe, L. 2015. Expressive partisanship: Campaign involvement, political emotion, and partisan identity. *American Political Science Review* 109 (1): 1–17.

Huemer, M. 2015. Why people are irrational about politics. In J. Anomaly, G. Brennan, M. Munger, and G. Sayre-McCord, eds., *Philosophy, politics, and economics: An anthology*, 456–467. Oxford: Oxford University Press.

Hufer, A., Kornadt, A. E., Kandler, C., and Riemann, R. 2020. Genetic and environmental variation in political orientation in adolescence and early adulthood: A Nuclear Twin Family analysis. *Journal of Personality and Social Psychology* 118 (4): 762–776.

Hughes, C. 2018. The racism treadmill. *Quillette*, May 14. https://quillette.com/2018/05/14/the-racism-treadmill/.

Humphrey, N. 1976. The social function of intellect. In P. P. G. Bateson and R. A. Hinde, eds., *Growing points in ethology*, 303–317. London: Faber and Faber.

Inbar, Y., Pizarro, D. A., and Bloom, P. 2009. Conservatives are more easily disgusted than liberals. *Cognition and Emotion* 23 (4): 714–725.

Inbar, Y., Pizarro, D., Iyer, R., and Haidt, J. 2012. Disgust sensitivity, political conservatism, and voting. *Social Psychological and Personality Science* 3:537–544.

Iyengar, S., Konitzer, T., and Tedin, K. 2018. The home as a political fortress: Family agreement in an era of polarization. *Journal of Politics* 80 (4): 1326–1338.

Iyengar, S., Lelkes, Y., Levendusky, M., Malhotra, N., and Westwood, S. J. 2019. The origins and consequences of affective polarization in the United States. *Annual Review of Political Science* 22:129–146.

Iyengar, S., Sood, G., and Lelkes, Y. 2012. Affect, not ideology: A social identity perspective on polarization. *Public Opinion Quarterly* 76 (3): 405–431.

Iyer, R., Koleva, S., Graham, J., Ditto, P., and Haidt, J. 2012. Understanding libertarian morality: The psychological dispositions of self-identified libertarians. *PloS One* 7 (8). doi:10.1371/journal.pone.0042366.

Jeffrey, R. C. 1983. *The logic of decision*. 2nd ed. Chicago: University of Chicago Press.

Jennings, M. K., Stoker, L., and Bowers, J. 2009. Politics across generations: Family transmission reexamined. *Journal of Politics* 71 (3): 782–799.

Jerit, J., and Barabas, J. 2012. Partisan perceptual bias and the information environment. *Journal of Politics* 74 (3): 672–684.

Jern, A., Chang, K., and Kemp, C. 2014. Belief polarization is not always irrational. *Psychological Review* 121 (2): 206–224.

Johnson, D. J., Tress, T., Burkel, N., Taylor, C., and Cesario, J. 2019. Officer characteristics and racial disparities in fatal officer-involved shootings. *Proceedings of the National Academy of Sciences* 116 (32): 15877–15882. doi:10.1073/pnas.1903856116.

Johnson, D. P., and Fowler, J. H. 2011. The evolution of overconfidence. *Nature* 477 (7364): 317–320.

Johnston, C. D., Lavine, H. G., and Federico, C. M. 2017. *Open versus closed: Personality, identity, and the politics of redistribution*. Cambridge: Cambridge University Press.

Jones, P. E. 2019. Partisanship, political awareness, and retrospective evaluations, 1956–2016. *Political Behavior.* doi:10.1007/s11109-019-09543-y.

Joshi, H. 2020. What are the chances you're right about everything? An epistemic challenge for modern partisanship. *Politics, Philosophy & Economics* 19 (1): 36–61.

Joslyn, M. R., and Haider-Markel, D. P. 2014. Who knows best? Education, partisanship, and contested facts. *Politics & Policy* 42 (6): 919–947.

Jost, J. T., Glaser, J., Kruglanski, A. W., and Sulloway, F. J. 2003. Political conservatism as motivated social cognition. *Psychological Bulletin* 129 (3): 339–375.

Jussim, L. 2017a, Gender bias in science? Double standards and cherry-picking in claims about gender bias. *Psychology Today*, July 14. https://www.psychologytoday.com/us/blog/rabble-rouser/201707/gender-bias-in-science.

Jussim, L. 2017b. The Google memo: Four scientists respond. *Quillette*, August 7. http://quillette.com/2017/08/07/google-memo-four-scientists-respond/.

Jussim, L. 2018. The reality of the rise of an intolerant and radical left on campus. *Areo*, March 17. https://areomagazine.com/2018/03/17/the-reality-of-the-rise-of-an-intolerant-and-radical-left-on-campus/.

Jussim, L. 2019a. My diversity, equity, and inclusion statement. *Quillette*. February 24. https://quillette.com/2019/02/24/my-diversity-equity-and-inclusion-statement/.

Jussim, L. 2019b. Rapid onset gender dysphoria. *Psychology Today*, March 20. https://www.psychologytoday.com/us/blog/rabble-rouser/201903/

rapid-onset-gender-dysphoria.

Jussim, L. 2019c. The threat to academic freedom...from academics. *Medium*, December 27. https://medium.com/@leej12255/the-threat-to-academic-freedom-from-academics-4685b1705794.

Kahan, D. M. 2003. The gun control debate: A culture-theory manifesto. *Washington and Lee Law Review* 60 Part 1: 3–15.

Kahan, D. M. 2012. Why we are poles apart on climate change. *Nature* 488 (7411): 255. doi:10.1038/488255a.

Kahan, D. M. 2013. Ideology, motivated reasoning, and cognitive reflection. *Judgment and Decision Making* 8 (4): 407–424.

Kahan, D. M. 2015. Climate-science communication and the measurement problem. *Political Psychology* 36 (S1): 1–43.

Kahan, D. M. 2016. The politically motivated reasoning paradigm, part 1: What politically motivated reasoning is and how to measure it. In R. A. Scott, S. M. Kosslyn, and M. C. Buchmann, eds., *Emerging trends in the social and behavioral sciences: An interdisciplinary, searchable, and linkable resource.* doi:10.1002/9781118900772.etrds0417.

Kahan, D. M., and Corbin, J. C. 2016. A note on the perverse effects of actively open-minded thinking on climate-change polarization. *Research & Politics* 3 (4): 1–5. doi:10.1177/2053168016676705.

Kahan, D. M., Hoffman, D. A., Braman, D., Evans, D., and Rachlinski, J. J. 2012. "They saw a protest": Cognitive illiberalism and the speech-conduct distinction. *Stanford Law Review* 64 (4): 851–906.

Kahan, D. M., Jenkins-Smith, H., and Braman, D. 2011. Cultural cognition of scientific consensus. *Journal of Risk Research* 14 (2): 147–174.

Kahan, D. M., Peters, E., Dawson, E., and Slovic, P. 2017. Motivated numeracy and enlightened self-government. *Behavioural Public Policy* 1 (1): 54–86.

Kahan, D. M. Peters, E., Wittlin, M., Slovic, P., Ouellette, L., Braman, D., and Mandel, G. 2012. The polarizing impact of science literacy and numeracy on perceived climate change risks. *Nature Climate Change* 2 (10): 732–735.

Kahan, D. M., and Stanovich, K. E. 2016. Rationality and belief in human evolution. Annenberg Public Policy Center Working Paper no.5, September 14. https://ssrn.com/abstract=2838668.

Kahneman, D. 2011. *Thinking, fast and slow*. New York: Farrar, Straus and Giroux.

Kahneman, D., and Tversky, A. 1973. On the psychology of prediction. *Psychological Review* 80 (4): 237–251.

Kaufmann, E. 2019. *Whiteshift*. New York: Abrams Press.

Keltner, D., and Robinson, R. J. 1996. Extremism, power, and the imagined basis of social conflict. *Current Directions in Psychological Science* 5 (4): 101–105.

Kemmelmeier, M. 2008. Is there a relationship between political orientation and cognitive ability? A test of three hypotheses in two studies. *Personality and Individual Differences* 45 (8): 767–772.

Kerlinger, F. N. 1984. *Liberalism and conservatism: The nature and structure of social attitudes*. Hillsdale, NJ: Erlbaum.

Kiely, E, 2012. "You didn't build that," Uncut and unedited. *FactCheck.org*. July 23. https://www.factcheck.org/2012/07/you-didnt-build-that-uncut-and-unedited/.

Kim, M., Park, B., and Young, L. 2020. The psychology of motivated versus rational impression updating. *Trends in Cognitive Sciences* 24 (2): 101–111.

Kinder, D., and Kalmoe, N. 2017. *Neither liberal nor conservative: Ideological innocence in the American public.* Chicago: University of Chicago Press.

Klaczynski, P. A. 1997. Bias in adolescents' everyday reasoning and its relationship with intellectual ability, personal theories, and self-serving motivation. *Developmental Psychology* 33 (2): 273–283.

Klaczynski, P. A. 2014. Heuristics and biases: Interactions among numeracy, ability, and reflectiveness predict normative responding. *Frontiers in Psychology* 5: 1–13.

Klaczynski, P. A., and Lavallee, K. L. 2005. Domain-specific identity, epistemic regulation, and intellectual ability as predictors of belief-based reasoning: A dual-process perspective. *Journal of Experimental Child Psychology* 92 (1): 1–24.

Klaczynski, P. A., and Robinson, B. 2000. Personal theories, intellectual ability, and epistemological beliefs: Adult age differences in everyday reasoning tasks. *Psychology and Aging* 15 (3): 400–416.

Klar, S. 2013. The influence of competing identity primes on political preferences. *Journal of Politics* 75 (4): 1108–1124.

Klayman, J. 1995. Varieties of confirmation bias. *Psychology of Learning and Motivation* 32: 385–417.

Klayman, J., and Ha, Y. 1987. Confirmation, disconfirmation, and information in hypothesis testing. *Psychological Review* 94 (2): 211–228.

Klein, D. B. 2011. I was wrong, and so are you. *Atlantic*, December. https://www.theatlantic.com/magazine/archive/2011/12/i-was-wrong-and-soare-you/308713/.

Klein, D. B., and Buturovic, Z. 2011. Economic enlightenment revisited: New results again find little relationship between education and economic enlightenment but vitiate prior evidence of the left being worse. *Econ Journal Watch* 8 (2): 157–173.

Klein, D. B., and Stern, C. 2005. Professors and their politics: The policy views of social scientists. *Critical Review* 17 (3–4): 257–303. doi:10.1080/08913810508443640.

Koehler, J. J. 1993. The influence of prior beliefs on scientific judgments of evidence quality. *Organizational Behavior and Human Decision Processes* 56 (1): 28–55.

Kokis, J., Macpherson, R., Toplak, M., West, R. F., and Stanovich, K. E. 2002. Heuristic and analytic processing: Age trends and associations with cognitive ability and cognitive styles. *Journal of Experimental Child Psychology* 83 (1): 26–52.

Kolesnikova, N., and Liu, Y. 2011. Gender wage gap may be much smaller than most think. *Regional Economist*, October 1. Federal Reserve Bank of St. Louis. https://www.stlouisfed.org/Publications/Regional-Economist/October-2011/Gender-Wage-Gap-May-Be-Much-Smaller-Than-Most-Think?hc_location=ufi#endnotes.

Komorita, S. S., and Parks, C. D. 1994. *Social dilemmas*. Boulder, CO: Westview Press.

Kopko, K. C., Bryner, S. M., Budziak, J., Devine, C. J., and Nawara, S. P. 2011. In the eye of the beholder? Motivated reasoning in disputed elections. *Political Behavior* 33 (2): 271–290.

Kornblith, H. 1993. *Inductive inference and its natural ground*. Cambridge,

MA: MIT Press.

Kovacs, K., and Conway, A. R. A. 2016. Process overlap theory: A unified account of the general factor of intelligence. *Psychological Inquiry* 27 (3): 151–177.

Kraft, P. W., Lodge, M., and Taber, C. S. 2015. Why people "don't trust the evidence": Motivated reasoning and scientific beliefs. *Annals of the American Academy of Political and Social Science* 658 (1): 121–133.

Kronman, A. 2019. *The assault on American excellence*. New York: Free Press.

Krugman, P. 2015. Recent history in one chart. *New York Times*, January 1. https://krugman.blogs.nytimes.com/2015/01/01/recent-history-in-one-chart/?_r=0.

Krummenacher, P., Mohr, C., Haker, H., and Brugger, P. 2010. Dopamine, paranormal belief, and the detection of meaningful stimuli. *Journal of Cognitive Neuroscience* 22 (8): 1670–1681.

Kuhn, D. 2019. Critical thinking as discourse. *Human Development* 62 (3): 146–164.

Kuhn, D., and Lao, J. 1996. Effects of evidence on attitudes: Is polarization the norm? *Psychological Science* 7 (2): 115–120.

Kuhn, D., and Modrek, A. 2018. Do reasoning limitations undermine discourse? *Thinking & Reasoning* 24 (1): 97–116.

Kunda, Z. 1990. The case for motivated reasoning. *Psychological Bulletin* 108 (3): 480–498.

Kurzban, R., and Aktipis, C. 2007. Modularity and the social mind: Are psychologists too selfish? *Personality and Social Psychology Review* 11 (2): 131–149.

Langbert, M. 2018. Homogenous: The political affiliations of elite liberal arts college faculty. *Academic Questions* 31 (2): 186–197.

Langbert, M., and Stevens, S. 2020. Partisan registration and contributions of faculty in flagship colleges. *National Association of Scholars*. January 17. https://www.nas.org/blogs/article/partisan-registration-and-contributions-of-faculty-in-flagship-colleges.

Lanier, J. 2018. *Ten arguments for deleting your social media accounts right now*. New York: Henry Holt.

Lebo, M. J., and Cassino, D. 2007. The aggregated consequences of motivated reasoning and the dynamics of partisan presidential approval. *Political Psychology* 28 (6): 719–746.

Leeper, T. J., and Slothuus, R. 2014. Political parties, motivated reasoning, and public opinion formation. *Political Psychology* 35 (S1): 129–156.

Lelkes, Y. 2018. Affective polarization and ideological sorting: A reciprocal, albeit weak, relationship. *Forum* 16 (1): 67–79.

Lemon, J. 2019. Bernie Sanders says U.S. can't have "open borders" because poor people will come "from all over the world." *Newsweek*, April 8. https://www.newsweek.com/bernie-sanders-open-borders-poverty-world-immigration-1388767.

Lench, H. C., and Ditto, P. H. 2008. Automatic optimism: Biased use of base rate information for positive and negative events. *Journal of Experimental Social Psychology* 44 (3): 631–639.

Levin, I. P., Wasserman, E. A., and Kao, S. F. 1993. Multiple methods for examining biased information use in contingency judgments. *Organizational Behavior and Human Decision Processes* 55 (2): 228–250.

Levinson, S. C. 1995. Interactional biases in human thinking. In E. Goody, ed., *Social intelligence and interaction*, 221–260. Cambridge: Cambridge University Press.

Levy, S. 2020. *Facebook: The inside story*. New York: Blue Rider Press.

Li, N., van Vugt, M., and Colarelli, S. 2018. The evolutionary mismatch hypothesis: Implications for psychological science. *Current Direction in Psychological Science* 27 (1): 38–44.

Liberali, J. M., Reyna, V. F., Furlan, S., Stein, L. M., and Pardo, S. T. 2012. Individual differences in numeracy and cognitive reflection, with implications for biases and fallacies in probability judgment. *Journal of Behavioral Decision Making* 25 (4): 361–381.

Lilienfeld, S. O. 2017. Microaggressions: Strong claims, inadequate evidence. *Perspectives on Psychological Science* 12 (1): 138–169.

Lilienfeld, S. O. 2019. Microaggression research and application: Clarifications, corrections, and common ground. *Perspectives on Psychological Science* 15 (1): 27–37.

Lilla, M. 2017. *The once and future liberal: After identity politics*. New York: HarperCollins.

Lind, M. 2020. *The new class war: Saving democracy from the managerial elite*. New York: Penguin.

Lipman, M. 1991. *Thinking in education*. Cambridge: Cambridge University Press.

Lipsky, D., and Gartner, A. 1997. *Inclusion and school reform*. Baltimore: Brookes.

Liu, B. S., and Ditto, P. H. 2013. What dilemma? Moral evaluation shapes factual belief. *Social Psychological and Personality Science* 4 (3): 316–

323.

Loewenstein, G. 2006. The pleasures and pains of information. *Science* 312 (5774): 704–706.

Loewenstein, G., and Molnar, A. 2018. The renaissance of belief-based utility in economics. *Nature Human Behaviour* 2 (3): 166–167.

Lomasky, L. 2008. Swing and a myth: A review of Caplan's *The Myth of the Rational Voter*. *Public Choice* 135 (3–4): 469–484.

Looney, A. 2019. How progressive is Senator Elizabeth Warren's loan forgiveness proposal? *Brookings*, April 24. https://www.brookings.edu/ blog/up-front/2019/04/24/how-progressive-is-senator-elizabeth-warrens-loan-forgiveness-proposal/.

Lord, C. G., Ross, L., and Lepper, M. R. 1979. Biased assimilation and attitude polarization: The effects of prior theories on subsequently considered evidence. *Journal of Personality and Social Psychology* 37 (11): 2098–2109.

Lott, J., and Moody, C. 2016. Do white police officers unfairly target black suspects? *SSRN*. November 15. https://ssrn.com/abstract=2870189.

Ludeke, S., Johnson, W., and Bouchard, T. J. 2013. "Obedience to traditional authority": A heritable factor underlying authoritarianism, conservatism and religiousness. Personality and Individual Differences 55 (4): 375–380.

Lukianoff, G., and Haidt, J. 2018. *The coddling of the American mind: How good intentions and bad ideas are setting up a generation for failure.* New York: Penguin.

Lumsden, C. J., and Wilson, E. O. 1981. *Genes, mind and culture.* Cambridge, MA: Harvard University Press.

Lupia, A. 2016. *Uninformed: Why people know so little about politics and what we can do about it.* New York: Oxford University Press.

Lupia, A., Levine, A. S., Menning, J. O., and Sin, G. 2007. Were Bush tax cut supporters "simply ignorant?" A second look at conservatives and liberals in "Homer Gets a Tax Cut." *Perspectives on Politics* 5 (4): 773–784.

Lynch, A. 1996. *Thought contagion.* New York: Basic Books.

MacCoun, R. J. 1998. Biases in the interpretation and use of research results. *Annual Review of Psychology* 49: 259–287.

Mac Donald, H. 2018. *The diversity delusion: How race and gender pandering corrupt the university and undermine our culture.* New York: St. Martin's Press.

Macpherson, R., and Stanovich, K. E. 2007. Cognitive ability, thinking dispositions, and instructional set as predictors of critical thinking. *Learning and Individual Differences* 17 (2): 115–127.

Madison, G., and Fahlman, P. 2020. Sex differences in the number of scientific publications and citations when attaining the rank of professor in Sweden. *Studies in Higher Education.* doi:10.1080/03075079.2020.1723533.

Majima, Y. 2015. Belief in pseudoscience, cognitive style and science literacy. *Applied Cognitive Psychology* 29 (4): 552–559.

Malka, A., and Soto, C. J. 2015. Rigidity of the economic right? Menu-independent and menu-dependent influences of psychological dispositions on political attitude. *Current Directions in Psychological Science* 24 (2): 137–142.

Manktelow, K. I. 2004. Reasoning and rationality: The pure and the practical. In K. I. Manktelow and M. C. Chung, eds., *Psychology of reasoning: Theoretical and historical perspectives,* 157–177. Hove, UK: Psychology

Press.

Margolis, H. 1987. *Patterns, thinking, and cognition*. Chicago: University of Chicago Press.

Martinelli, R. 2017. The truth about crime, illegal immigrants and sanctuary cities. *Hill*. April 19. https://thehill.com/blogs/pundits-blog/crime/329589-the-truth-about-crime-illegal-immigrants-and-sanctuary-cities.

Mason, L. 2015. "I disrespectfully agree": The differential effects of partisan sorting on social and issue polarization. *American Journal of Political Science* 59 (1): 128–145.

Mason, L. 2018a. Ideologues without issues: The polarizing consequences of ideological identities. *Public Opinion Quarterly* 82 (S1): 866–887.

Mason, L. 2018b. *Uncivil agreement: How politics became our identity*. Chicago: University of Chicago Press.

McCrae, R. R. 1996. Social consequences of experiential openness. *Psychological Bulletin* 120 (3): 323–337.

McGinnis, J. 2019. The ongoing decline of the *New York Times*. *Law & Liberty*. November 14. https://lawliberty.org/the-ongoing-decline-of-the-new-york-times/.

McGrath, M. C. 2017. Economic behavior and the partisan perceptual screen. *Quarterly Journal of Political Science* 11 (4): 363–383.

McKay, R. T., and Dennett, D. C. 2009. The evolution of misbelief. *Behavioral and Brain Sciences* 32 (6): 493–561.

McKenzie, C. R. M. 2004. Hypothesis testing and evaluation. In D. J. Koehler and N. Harvey, eds., *Blackwell handbook of judgment and decision making*, 200–219. Malden, MA: Blackwell.

McLanahan, S., Tach, L., and Schneider, D. 2013. The causal effects of father absence. *Annual Review of Sociology* 39:399–427.

McNamee, R. 2019. *Zucked: Waking up to the Facebook catastrophe*. New York: Penguin.

Medin, D. L., and Bazerman, M. H. 1999. Broadening behavioral decision research: Multiple levels of cognitive processing. *Psychonomic Bulletin & Review* 6 (4): 533–546.

Medin, D. L., Schwartz, H. C., Blok, S. V., and Birnbaum, L. A. 1999. The semantic side of decision making. *Psychonomic Bulletin & Review* 6 (4): 562–569.

Mercier, H. 2016. The argumentative theory: Predictions and empirical evidence. *Trends in Cognitive Science* 20 (9): 689–700.

Mercier, H. 2017. Confirmation bias—Myside bias. In R. Pohl, ed., *Cognitive illusions*, 2nd ed., 99–114. New York: Routledge.

Mercier, H., and Sperber, D. 2011. Why do humans reason? Arguments for an argumentative theory. *Behavioral and Brain Sciences* 34 (2): 57–111.

Mercier, H., and Sperber, D. 2017. *The enigma of reason*. Cambridge, MA: Harvard University Press.

Messick, D. M., and Sentis, K. P. 1979. Fairness and preference. *Journal of Experimental Social Psychology* 15 (4): 418–434.

Miller, A. G., McHoskey, J. W., Bane, C. M., and Dowd, T. G. 1993. The attitude polarization phenomenon: Role of response measure, attitude extremity, and behavioral consequences of reported attitude change. *Journal of Personality and Social Psychology* 64 (4): 561–574.

Miller, T. R., Lawrence, B. A., Carlson, N. N., Hendrie, D., Randall, S., Rockett, I. R. H., and Spicer, R. S. 2017. Perils of police action: A cautionary tale from U.S. data sets. *Injury Prevention* 23 (1).doi:10.1136/ injuryprev-2016-042023.

Mithen, S. 1996. *The prehistory of mind: The cognitive origins of art and science.* London: Thames & Hudson.

Mithen, S. 2000. Palaeoanthropological perspectives on the theory of mind. In S. Baron-Cohen, H. Tager-Flusberg, and D. Cohen, eds., *Understanding other minds*, 2nd ed., 488–502. Oxford: Oxford University Press.

Miyake, A., and Friedman, N. P. 2012. The nature and organization of individual differences in executive functions: Four general conclusions. *Current Directions in Psychological Science* 21 (1): 8–14.

Mooney, C. 2005. *The Republican war on science.* New York: Basic Books.

Munro, G. D. 2010. The scientific impotence excuse: Discounting belief-threatening scientific abstracts. *Journal of Applied Social Psychology* 40:579–600.

Munro, G. D., and Ditto, P. H. 1997. Biased assimilation, attitude polarization, and affect in reactions to stereotype-relevant scientific information. *Personality and Social Psychology Bulletin* 23 (6): 636–653.

Murray, C. 2012. *Coming apart: The state of white America, 1960–2010.* New York: Crown Forum.

Murray, D. 2019. *The madness of crowds: Gender, race, and identity.* London: Bloomsbury.

Nagel, T. 1986. *The view from nowhere.* New York: Oxford University Press.

Neimark, E. 1987. *Adventures in thinking.* San Diego: Harcourt Brace Jovanovich.

Neuding, P. 2020. Scandinavian Airlines: Get woke, cry wolf. *Quillette*, March 1. https://quillette.com/2020/03/01/scandinavian-airlines-get-woke-cry-wolf/.

Newstead, S. E., Handley, S. J., Harley, C., Wright, H., and Farrelly, D. 2004. Individual differences in deductive reasoning. *Quarterly Journal of Experimental Psychology* 57A (1): 33–60.

Nichols, S., and Stich, S. P. 2003. *Mindreading: An integrated account of pretence, selfawareness, and understanding other minds*. Oxford: Oxford University Press.

Nickerson, R. S. 1998. Confirmation bias: A ubiquitous phenomenon in many guises. *Review of General Psychology* 2 (2): 175–220.

Nigg, J. T. 2017. Annual research review: On the relations among self-regulation, self-control, executive functioning, effortful control, cognitive control, impulsivity, risk-taking, and inhibition for developmental psychopathology. *Journal of Child Psychology and Psychiatry* 58:361–383.

Nisbet, M. 2020. Against climate change tribalism: We gamble with the future by dehumanizing our opponents. *Skeptical Inquirer* 44 (1): 26–28.

Nisbett, R. E., and Wilson, T. D. 1977. Telling more than we can know: Verbal reports on mental processes. *Psychological Review* 84 (3): 231–259.

Nozick, R. 1993. *The nature of rationality*. Princeton: Princeton University Press.

Nurse, M. S., and Grant, W. J. 2020. I'll see it when I believe it: Motivated numeracy in perceptions of climate change risk. *Environmental Communication* 14 (2): 184–201.

Nussbaum, E. M., and Sinatra, G. M. 2003. Argument and conceptual engagement. *Contemporary Educational Psychology* 28 (3): 384–395.

Nyhan, B., and Reifler, J. 2010. When corrections fail: The persistence of political misperceptions. *Political Behavior* 32 (2): 303–330.

Nyhan, B., Reifler, J., Richey, S., and Freed, G. 2014. Effective messages in vaccine promotion: A randomized trial. *Pediatrics* 133 (4): 1–8.

Oaksford, M. and Chater, N. 1994. A rational analysis of the selection task as optimal data selection. *Psychological Review* 101 (4): 608–631.

Oaksford, M., and Chater, N. 2003. Optimal data selection: Revision, review, and reevaluation. *Psychonomic Bulletin & Review* 10 (2): 289–318.

Oaksford, M., and Chater, N. 2012. Dual processes, probabilities, and cognitive architecture. *Mind & Society* 11(1): 15–26.

O'Connor, C., and Weatherall, J. O. 2018. Scientific polarization. *European Journal for Philosophy of Science* 8 (3): 855–875.

OECD. 2011. *An overview of growing income inequalities in OECD countries: Main findings*. Paris: Organisation for Economic Co-operation and Development. http://www.oecd.org/els/soc/dividedwestandwhyinequalitykeepsrising.htm.

Offit, P. A. 2011. *Deadly choices: How the anti-vaccine movement threatens us all*. New York: Basic Books.

Oliver, J. E., and Wood, T. 2014. Conspiracy theories and the paranoid style(s) of mass opinion. *American Journal of Political Science* 58 (4): 952–966.

Olsson, E. J. 2013. A Bayesian simulation model of group deliberation and polarization. In F. Zenker, ed., *Bayesian argumentation*, 113–133. Netherlands: Springer.

O'Neill, J., and O'Neill, D. 2012. *The declining importance of race and gender in the labor market: The role of federal anti-discrimination policies and other factors*. Washington, DC: AEI Press.

Onraet, E., Van Hiel, A., Dhont, K., Hodson, G., Schittekatte, M., and De

Pauw, S. 2015. The association of cognitive ability with right-wing ideological attitudes and prejudice: A meta-analytic review. *European Journal of Personality* 29 (6): 599–621.

Onraet, E., Van Hiel, A., Roets, A., and Cornelis, I. 2011. The closed mind: "Experience" and "cognition" aspects of openness to experience and need for closure as psychological bases for right-wing attitudes. *European Journal of Personality* 25 (3): 184–197.

Oskarsson, S., Cesarini, D., Dawes, C., Fowler, J., Johannesson, M., Magnusson, P., and Teorell, J. 2015. Linking genes and political orientations: Testing the cognitive ability as mediator hypothesis. *Political Psychology* 36 (6): 649–665.

Oxley, D. R., Smith, K. B., Alford, J. R., Hibbing, M. V., Miller, J. L., Scalora, M., et al. 2008. Political attitudes vary with physiological traits. *Science* 321 (5896): 1667–1670.

Palan, S., and Schitter, C. 2018. Prolific.ac—A subject pool for online experiments. *Journal of Behavioral and Experimental Finance* 17: 22–27. doi:10.1016/j.jbef.2017.12.004.

Paresky, P., Haidt, J., Strossen, N., and Pinker, S. 2020. The *New York Times* surrendered to an outrage mob. Journalism will suffer for it. *Politico*, May 14. https://www.politico.com/news/magazine/2020/05/14/bret-stephens-new-york-times-outrage-backlash-256494.

Pariser, E. 2011. *The filter bubble: What the Internet is hiding from you.* New York: Penguin.

Parker, A. M., Bruine de Bruin, W., Fischhoff, B., and Weller, J. 2018. Robustness of decision-making competence: Evidence from two measures and an 11-year longitudinal study. *Journal of Behavioral*

Decision Making 31 (3): 380–391.

Parker, A. M., and Fischhoff, B. 2005. Decision-making competence: External validation through an individual differences approach. *Journal of Behavioral Decision Making* 18 Part 1:1–27.

Patel, N., Baker, S. G., and Scherer, L. D. 2019. Evaluating the cognitive reflection test as a measure of intuition/reflection, numeracy, and insight problem solving, and the implications for understanding real-world judgments and beliefs. *Journal of Experimental Psychology: General* 148 (12): 2129–2153.

Paul, R. W. 1984. Critical thinking: Fundamental to education for a free society in North America. *Educational Leadership* 42 (1): 4–14.

Paul, R. W. 1987. Critical thinking and the critical person. In D. N. Perkins, J. Lockhead, and J. Bishop, eds., *Thinking: The second international conference*, 373–403. Hillsdale, NJ: Erlbaum.

Pennycook, G., Fugelsang, J. A., and Koehler, D. J. 2015. What makes us think? A three-stage dual-process model of analytic engagement. *Cognitive Psychology* 80:34–72.

Pennycook, G., and Rand, D. G. 2019. Cognitive reflection and the 2016 U.S. presidential election. *Personality and Social Psychology Bulletin* 45 (2): 224–239.

Perkins, D. N. 1985. Postprimary education has little impact on informal reasoning. *Journal of Educational Psychology* 77 (5): 562–571.

Perkins, D. N. 1995. *Outsmarting IQ: The emerging science of learnable intelligence*. New York: Free Press.

Perkins, D. N., Farady, M., and Bushey, B. 1991. Everyday reasoning and the roots of intelligence. In J. Voss, D. Perkins, and J. Segal, eds., *Informal reasoning and education*, 83–105. Hillsdale, NJ: Erlbaum.

Peters, U., Honeycutt, N., De Block, A., & Jussim, L. 2020. Ideological diversity, hostility, and discrimination in philosophy. *Philosophical Psychology* 33 (4): 511-548. doi:10.1080/09515089.2020.1743257

Petty, R. E., and Wegener, D. T. 1998. Attitude change: Multiple roles for persuasion variables. In D. T. Gilbert, S. Fiske, and G. Lindzey, eds., *The handbook of social psychology*, 323–390. Boston: McGraw-Hill.

Pew Research Center. 2013. What the public knows—In words, pictures, maps and graphs. September 5. https://www.people-press.org/2013/09/05/what-the-public-knows-in-words-pictures-maps-and-graphs/.

Pew Research Center. 2015. What the public knows—In words, pictures, maps and graphs. April 28. https://www.people-press.org/2015/04/28/what-the-public-knows-in-pictures-words-maps-and-graphs/.

Pew Research Center. 2017. Sharp partisan divisions in views of national institutions. July 10. https://www.people-press.org/2017/07/10/sharp-partisan-divisions-in-views-of-national-institutions/.

Pew Research Center. 2019. Partisan antipathy: More intense, more personal. October 10. https://www.people-press.org/2019/10/10/partisan-antipathy-more-intense-more-personal/.

Phelan, J. 2018. Harvard study: "Gender wage gap" explained entirely by work choices of men and women. *Foundation for Economic Education*, December 10. https://fee.org/articles/harvard-study-gender-pay-gap-explained-entirely-by-work-choices-of-men-and-women/.

Piaget, J. 1972. Intellectual evolution from adolescence to adulthood. *Human Development* 15 (1): 1–12.

Pinker, S. 2002. *The blank slate: The modern denial of human nature.* New

York: Viking.

Pinker, S. 2008. *The sexual paradox: Men, women, and the real gender gap.* New York: Scribner.

Pinker, S. 2011. *The better angels of our nature: Why violence has declined.* New York: Viking.

Pinker, S. 2015. Political bias, explanatory depth, and narratives of progress. *Behavioral and Brain Sciences* 38. e154. doi:10.1017/S0140525X1400137X.

Pinker, S. 2018. *Enlightenment now: The case for reason, science, humanism and progress.* New York: Viking.

Plomin, R., DeFries, J. C., Knopik, V. S., and Neiderhiser, J. M. 2016. Top 10 replicated findings from behavioral genetics. *Perspectives on Psychological Science* 11 (1): 3–23.

Plous, S. 1991. Biases in the assimilation of technological breakdowns: Do accidents make us safer? *Journal of Applied Social Psychology* 21 (13): 1058–1082.

Pluckrose, H., & Lindsay, J. 2020. *Cynical theories.* Durham, NC: Pitchstone Publishing.

Pluckrose, H., Lindsay, J., and Boghossian, P. 2018. Academic grievance studies and the corruption of scholarship. *Areo*, October 2. https://areomagazine.com/2018/10/02/academic-grievance-studies-and-the-corruption-of-scholarship/.

Proch, J., Elad-Strenger, J., and Kessler, T. 2019. Liberalism and conservatism, for a change! Rethinking the association between political orientation and relation to societal change. *Political Psychology* 40 (4): 877–903.

Ponnuru, R. 2019. In Harvard's magical admissions process, nobody gets hurt.

Bloomberg Opinion. October 6. https://www.bloomberg.com/opinion/
articles/2019-10-06/in-harvard-s-magical-admissions-process-nobody-
gets-hurt.

Pronin, E. 2007. Perception and misperception of bias in human judgment.
Trends in Cognitive Sciences 11 (1): 37–43.

Pronin, E., Lin, D. Y., and Ross, L. 2002. The bias blind spot: Perceptions of
bias in self versus others. *Personality and Social Psychology Bulletin* 28
Part 3:369–381.

Randall, D. 2019. Can universities survive America's leveling? *Academic
Questions* 32 (4): 542–552.

Rauch, J. 2017. Speaking as a... *New York Review of Books*, November 9.
Review of Mark Lilla, The Once and Future Liberal: After Identity
Politics. https://www.nybooks.com/articles/2017/11/09/mark-lilla-liberal-
speaking/.

Ray, J. J. 1983. Half of all authoritarians are left-wing: A reply to Eysenck and
Stone. *Political Psychology* 4 (1): 139–143.

Ray, J. J. 1988. Cognitive style as a predictor of authoritarianism,
conservatism, and racism. *Political Psychology* 9 (2): 303–308.

Ray, J. J. 1989. The scientific study of ideology is too often more ideological
than scientific. *Personality and Individual Differences* 10 (3): 331–336.

Reeves, R. V. 2017. *Dream hoarders*. Washington, DC: Brookings Institution
Press.

Regenwetter, M., Hsu, Y.-F., and Kuklinski, J. H. 2019. Towards meaningful
inferences from attitudinal thermometer ratings. *Decision* 6 (4): 381–399.

Reilly, W. 2020. *Taboo: 10 facts you can't talk about*. Washington, DC:
Regnery.

Reyna, C. 2018. Scale creation, use, and misuse: How politics undermines measurement. In J. T. Crawford and L. Jussim, eds., *The politics of social psychology*, 81–98. New York: Routledge.

Richerson, P. J., and Boyd, R. 2005. *Not by genes alone: How culture transformed human evolution*. Chicago: University of Chicago Press.

Ridley, M. 2000. *Mendel's demon: Gene justice and the complexity of life*. London: Weidenfeld & Nicolson.

Rindermann, H., Becker, D., and Coyle, T. R. 2020. Survey of expert opinion on intelligence: Intelligence research, experts' background, controversial issues, and the media. *Intelligence* 78. https://doi.org/10.1016/j.intell.2019.101406.

Robinson, R. J., Keltner, D., Ward, A., and Ross, L. 1995. Actual versus assumed differences in construal: "Naive realism" in intergroup perception and conflict. *Journal of Personality and Social Psychology* 68 (3): 404–417.

Roser, M. 2013. Global economic inequality. *OurWorldInData.org*. https://ourworldindata.org/global-economic-inequality.

Ross, L. 1977. The intuitive psychologist and his shortcomings: Distortions in the attribution process. In L. Berkowitz, ed.. *Advances in experimental social psychology*, 173–220. New York: Academic Press.

Ross, L., Greene, D., and House, P. 1977. The "false consensus effect": An egocentric bias in social perception and attribution processes. *Journal of Experimental Social Psychology* 13 (3): 279–301.

Rothman, S., Lichter, S. R., and Nevitte, N. 2005. Politics and professional advancement among college faculty. *Forum* 3 (1): 1–16.

Rozado, D. 2019. What do universities mean when they talk about diversity? A computational language model quantifies. *Heterodox: The Blog*. August 5. https://heterodoxacademy.org/diversity-what-do-universities-mean/.

Sá, W., West, R. F., and Stanovich, K. E. 1999. The domain specificity and generality of belief bias: Searching for a generalizable critical thinking skill. *Journal of Educational Psychology* 91 (3): 497–510.

Sabien, D. 2017. Double crux—A strategy for resolving disagreement. *LessWrong*(blog). January 1. https://www.lesswrong.com/posts/exa5kmvopeRyfJgCy/double-crux-a-strategy-for-resolving-disagreement.

Sarathchandra, D., Navin, M. C., Largent, M. A., and McCright, A. M. 2018. A survey instrument for measuring vaccine acceptance. *Preventive Medicine* 109:1–7.

Schaller, M., and Park, J. H. 2011. The behavioral immune system (and why it matters). *Current Directions in Psychological Science* 20 (2): 99–103.

Schum, D. 1994. *Evidential foundations of probabilistic reasoning*. New York: John Wiley.

Schwan, B., and Stern, R. 2017. A causal understanding of when and when not to Jeffrey conditionalize. *Philosophers' Imprint* 17 (8): 1–21.

Scopelliti, I., Morewedge, C. K., McCormick, E., Min, H. L., Lebrecht, S., and Kassam, K. S. 2015. Bias blind spot: Structure, measurement, and consequences. *Management Science* 61 (10): 2468–2486.

Seidenberg, M. 2017. *Language at the speed of sight*. New York: Basic Books.

Serwer, A. 2017. The nationalist's delusion. *Atlantic*, November 20. https://www.theatlantic.com/politics/archive/2017/11/the-nationalists-delusion/546356/.

Shah, A. K., and Oppenheimer, D. M. 2008. Heuristics made easy: An effort-reduction framework. *Psychological Bulletin* 134 (2): 207–222.

Sharot, T. 2011. *Optimism bias*. New York: Pantheon.

Sharot, T., and Garrett, N. 2016. Forming beliefs: Why valence matters. *Trends in Cognitive Sciences* 20 (1): 25–33.

Sharot, T., and Sunstein, C. R. 2020. How people decide what they want to know. *Nature Human Behaviour* 4 (1): 14–19.

Shermer, M. 2011. *The believing brain*. New York: Times Books.

Sibley, C. G., and Duckitt, J. 2008. Personality and prejudice: A meta-analysis and theoretical review. *Personality and Social Psychology Review* 12 (3): 248–279.

Siegel, H. 1988. *Educating reason*. New York: Routledge.

Simas, E. N., Clifford, S., and Kirkland, J. H. 2019. How empathic concern fuels political polarization. *American Political Science Review* 114 (1): 258–269.

Simon, H. A. 1955. A behavioral model of rational choice. *Quarterly Journal of Economics* 69 (1): 99–118.

Simon, H. A. 1956. Rational choice and the structure of the environment. *Psychological Review* 63 (2): 129–138.

Sinayev, A., and Peters, E. 2015. Cognitive reflection vs. calculation in decision making. *Frontiers in Psychology* 6. Article 532. doi:10.3389/fpsyg.2015.00532.

Skitka, L. J. 2010. The psychology of moral conviction. *Social and Personality Psychology Compass* 4 (4): 267–281. doi:10.1111/j.1751–9004.2010.00254.x.

Skitka, L. J., Bauman, C. W., and Sargis, E. G. 2005. Moral conviction: Another contributor to attitude strength or something more? *Journal of Personality and Social Psychology* 88 (6): 895–917.

Skyrms, B. 1996. *The evolution of the social contract*. Cambridge: Cambridge University Press.

Sloman, S., and Fernbach, P. M. 2017. *The knowledge illusion*. New York: Riverhead Books.

Sloman, S., and Rabb, N. 2019. Thought as a determinant of political opinion. *Cognition* 188:1–7.

Slovic, P., and Peters, E. 2006. Risk perception and affect. *Current Directions in Psychological Science* 15 (6): 322–325.

Snyderman, P. M., and Tetlock, P. E. 1986. Symbolic racism: Problems of motive attribution in political analysis. *Journal of Social Issues*, 129–150.

Solberg, E. and Laughlin, T. 1995. The gender pay gap, fringe benefits, and occupational crowding. *ILR Review* 48 (4): 692–708.

Sowell, T. 2019. *Discrimination and disparities*. New York: Basic Books.

Spearman, C. 1904. General intelligence, objectively determined and measured. *American Journal of Psychology* 15 (2): 201–293.

Spearman, C. 1927. *The abilities of man*. London: Macmillan.

Sperber, D. 1996. *Explaining culture: A naturalistic approach*. Oxford: Blackwell.

Sperber, D. 2000. Metarepresentations in evolutionary perspective. In D. Sperber, ed., *Metarepresentations: A multidisciplinary perspective*, 117–137. Oxford: Oxford University Press. http://cogprints.org/851/1/metarep.htm.

Stanovich, K. E. 1999. *Who is rational? Studies of individual differences in reasoning*. Mahwah, NJ: Erlbaum.

Stanovich, K. E. 2000. *Progress in understanding reading: Scientific foundations and new frontiers*. New York: Guilford Press.

Stanovich, K. E. 2004. *The robot's rebellion: Finding meaning in the age of Darwin*. Chicago: University of Chicago Press.

Stanovich, K. E. 2011. *Rationality and the reflective mind*. New York: Oxford University Press.

Stanovich, K. E. 2013. Why humans are (sometimes) less rational than other animals: Cognitive complexity and the axioms of rational choice. *Thinking & Reasoning* 19 (1): 1–26.

Stanovich, K. E. 2017. Were Trump voters irrational? *Quillette*, September 28. https://quillette.com/2017/09/28/trump-voters-irrational/.

Stanovich, K. E. 2018a. Miserliness in human cognition: The interaction of detection, override and mindware. *Thinking & Reasoning* 24 (4): 423–444.

Stanovich, K. E. 2018b. What is the tribe of the anti-tribalists? *Quillette*, July 17. https://quillette.com/2018/07/17/what-is-the-tribe-of-the-anti-tribalists/.

Stanovich, K. E. 2019. *How to think straight about psychology*. 11th ed. New York: Pearson.

Stanovich, K. E., and Toplak, M. E. 2012. Defining features versus incidental correlates of Type 1 and Type 2 processing. *Mind & Society* 11 (1): 3–13.

Stanovich, K. E., and Toplak, M. E. 2019. The need for intellectual diversity in psychological science: Our own studies of actively open-minded thinking as a case study. *Cognition* 187: 156–166. https://doi.org/10.1016/j.cognition.2019.03.006

Stanovich, K. E., and West, R. F. 1997. Reasoning independently of prior belief and individual differences in actively open-minded thinking. *Journal of Educational Psychology* 89 (2): 342–367.

Stanovich, K. E., and West, R. F. 1998a. Individual differences in rational thought. *Journal of Experimental Psychology: General* 127 (2): 161–188.

Stanovich, K. E., and West, R. F. 1998b. Who uses base rates and P(D/~H)? An analysis of individual differences. *Memory & Cognition* 26 (1): 161–179.

Stanovich, K. E., and West, R. F. 2000. Individual differences in reasoning: Implications for the rationality debate? B*ehavioral and Brain Sciences* 23 (5): 645–726.

Stanovich, K. E., and West, R. F. 2007. Natural myside bias is independent of cognitive ability. *Thinking & Reasoning* 13 (3): 225–247.

Stanovich, K. E., and West, R. F. 2008a. On the failure of intelligence to predict myside bias and one-sided bias. *Thinking & Reasoning* 14 (2): 129–167.

Stanovich, K. E., and West, R. F. 2008b. On the relative independence of thinking biases and cognitive ability. *Journal of Personality and Social Psychology 94* (4): 672–695.

Stanovich, K. E., West, R. F., and Toplak, M. E. 2013. Myside bias, rational thinking, and intelligence. *Current Directions in Psychological Science* 22 (4): 259–264.

Stanovich, K. E., West, R. F., and Toplak, M. E. 2016. *The rationality quotient: Toward a test of rational thinking.* Cambridge, MA: MIT Press.

Stenhouse, N., Myers, T. A., Vraga, E. K., Kotcher, J. E., Beall, L., and Maibach, E. W. 2018. The potential role of actively open-minded thinking in preventing motivated reasoning about controversial science. *Journal of Environmental Psychology* 57:17–24.

Stephens, B. 2016. Staring at the conservative gutter: Donald Trump gives credence to the left's caricature of bigoted conservatives. *Wall Street Journal*, February 29. https://www.wsj.com/articles/staring-at-the-conservative-gutter-1456791777.

Sterelny, K. 2001. *The evolution of agency and other essays*. Cambridge: Cambridge University Press.

Sterelny, K. 2006. Memes revisited. *British Journal of the Philosophy of Science* 57 (1): 145–165.

Sternberg, R. J. 2001. Why schools should teach for wisdom: The balance theory of wisdom in educational settings. *Educational Psychologist* 36 (4): 227–245.

Sternberg, R. J. 2003. *Wisdom, intelligence, and creativity synthesized*. Cambridge: Cambridge University Press.

Sternberg, R. J. 2018. "If intelligence is truly important to real-world adaptation, and IQs have risen 30+ points in the past century (Flynn Effect), then why are there so many unresolved and dramatic problems in the world, and what can be done about it?". *Journal of Intelligence* 6 (1): 4. https://www.mdpi.com/journal/jintelligence/special_issues/Intelligence_IQs_Problems

Swami, V., Coles, R., Stieger, S., Pietschnig, J., Furnham, A., Rehim, S., and Voracek, M. 2011. Conspiracist ideation in Britain and Austria: Evidence of a monological belief system and associations between individual psychological differences and real-world and fictitious conspiracy theories. *British Journal of Psychology* 102 (3) : 443–463.

Taber, C. S., Cann, D., and Kucsova, S. 2009. The motivated processing of political arguments. *Political Behavior* 31 (2): 137–155.

Taber, C. S., and Lodge, M. 2006. Motivated skepticism in the evaluation of political beliefs. *American Journal of Political Science* 50 (3): 755–769.

Taber, C. S., and Lodge, M. 2016. The illusion of choice in democratic politics: The unconscious impact of motivated political reasoning. *Political Psychology* 37 (S1): 61–85.

Talbott, W. 2016. Bayesian epistemology. In E. N. Zalta, ed., *The Stanford Encyclopedia of Philosophy*. Winter edition. https://plato.stanford.edu/ archives/win2016/entries/epistemology-bayesian/.

Tappin, B. M., and Gadsby, S. 2019. Biased belief in the Bayesian brain: A deeper look at the evidence. *Consciousness and Cognition* 68: 107–114.

Tappin, B. M., Pennycook, G., and Rand, D. G. 2020. Thinking clearly about causal inferences of politically motivated reasoning. *Current Opinion in Behavioral Sciences* 34: 81–87.

Taylor, S. E. 1981. The interface of cognitive and social psychology. In J. H. Harvey, ed., *Cognition, social behavior, and the environment*, 189–211. Hillsdale, NJ: Erlbaum.

Tetlock, P. E. 1986. A value pluralism model of ideological reasoning. *Journal of Personality and Social Psychology* 50 (4): 819–827.

Tetlock, P. E. 1994. Political psychology or politicized psychology: Is the road to scientific hell paved with good moral intentions? *Political Psychology* 15 (3): 509–529.

Tetlock, P. E. 2002. Social functionalist frameworks for judgment and choice: Intuitive politicians, theologians, and prosecutors. *Psychological Review* 109 (3): 451–471.

Tetlock, P. E. 2003. Thinking the unthinkable: Sacred values and taboo cognitions. *Trends in Cognitive Sciences* 7 (7): 320–324.

Thompson, A. 2019. The university's new loyalty oath: Required "diversity and inclusion" statements amount to a political litmus test for hiring. *Wall Street Journal*, December 19. https://www.wsj.com/articles/the-universitys-new-loyalty-oath-11576799749.

Thompson, V., and Evans, J. St. B. T. 2012. Belief bias in informal reasoning. *Thinking & Reasoning* 18 (3): 278–310.

Toner, K., Leary, M. R., Asher, M. W., and Jongman-Sereno, K. P. 2013. Feeling superior is a bipartisan issue: Extremity (not direction) of political views predicts perceived belief superiority. *Psychological Science* 24 (12): 2454–2462.

Tooby, J., and Cosmides, L. 1992. The psychological foundations of culture. In J. Barkow, L. Cosmides, and J. Tooby, eds., *The adapted mind*, 19–136. New York: Oxford University Press.

Toplak, M. E., Liu, E., Macpherson, R., Toneatto, T., and Stanovich, K. E. 2007. The reasoning skills and thinking dispositions of problem gamblers: A dual-process taxonomy. *Journal of Behavioral Decision Making* 20 (2): 103–124.

Toplak, M. E., and Stanovich, K. E. 2002. The domain specificity and generality of disjunctive reasoning: Searching for a generalizable critical thinking skill. *Journal of Educational Psychology* 94 (1): 197–209.

Toplak, M. E. and Stanovich, K. E. 2003. Associations between myside bias on an informal reasoning task and amount of post-secondary education. *Applied Cognitive Psychology* 17 (7): 851–860.

Toplak, M. E., West, R. F., and Stanovich, K. E. 2011. The Cognitive Reflection Test as a predictor of performance on heuristics and biases tasks. *Memory & Cognition* 39 (7): 1275–1289.

Toplak, M. E., West, R. F., and Stanovich, K. E. 2014a. Assessing miserly processing: An expansion of the Cognitive Reflection Test. *Thinking & Reasoning* 20 (2): 147–168.

Toplak, M. E., West, R. F., and Stanovich, K. E. 2014b. Rational thinking and cognitive sophistication: Development, cognitive abilities, and thinking dispositions. *Developmental Psychology* 50 (4): 1037–1048.

Traub, J. 2016. It's time for the elites to rise up against the ignorant masses. *Foreign Policy*, June 28. https://foreignpolicy.com/2016/06/28/its-time-for-the-elites-to-rise-up-against-ignorant-masses-trump-2016-brexit/.

Turner, J. H. 2019. The more American sociology seeks to become a politically-relevant discipline, the more irrelevant it becomes to solving societal problems. *American Sociologist* 50 (4): 456–487.

Tversky, A., and Kahneman, D. 1974. Judgment under uncertainty: Heuristics and biases. *Science* 185 (4157): 1124–1131.

Twito, L., and Knafo-Noam, A. 2020. Beyond culture and the family: Evidence from twin studies on the genetic and environmental contribution to values. *Neuroscience & Biobehavioral Reviews* 112:135–143.

Uhlmann, E. L., Pizarro, D. A., Tannenbaum, D., and Ditto, P. H. 2009. The motivated use of moral principles. *Judgment and Decision Making* 4 (6): 476–491.

University of California. 2018. Rubric to assess candidate contributions to diversity, equity, and inclusion. Office for Faculty Equity & Welfare. August. https://ofew.berkeley.edu/sites/default/files/rubric_to_assess_candidate_contributions_to_diversity_equity_and_inclusion.pdf.

Vallone, R. P., Ross, L., and Lepper, M. R. 1985. The hostile media phenomenon: Biased perception and perceptions of media bias in coverage of the Beirut massacre. *Journal of Personality and Social*

Psychology 49 (3): 577–585. doi:10.1037//0022–3514.49.3.577.

Van Bavel, J. J., and Pereira, A. 2018. The partisan brain: An identity-based model of political belief. *Trends in Cognitive Sciences* 22 (3): 213–224.

Van Boven, L., Ramos, J., Montal-Rosenberg, R., Kogut, T., Sherman, D. K., and Slovic, P. 2019. It depends: Partisan evaluation of conditional probability importance. *Cognition* 188: 51–63. https://doi.org/10.1016/j.cognition.2019.01.020.

Varol, O., Ferrara, E., Davis, C., Menczer, F., and Flammini, A. 2017. Online humanbot interactions: Detection, estimation, and characterization. *In Proceedings of the Eleventh International AAAI Conference on Web and Social Media*, 280–289. https://www.aaai.org/ocs/index.php/ICWSM/ICWSM17/paper/viewPaper/15587.

Viator, R. E., Harp, N. L., Rinaldo, S. B., and Marquardt, B. B. 2020. The mediating effect of reflective-analytic cognitive style on rational thought. *Thinking & Reasoning* 26 (3): 381–413. doi:10.1080/13546783.2019.1634151.

Voelkel, J. G., and Brandt, M. J. 2019. The effect of ideological identification on the endorsement of moral values depends on the target group. *Personality and Social Psychology Bulletin* 45 (6): 851–863.

Walrath, R., Willis, J., Dumont, R., and Kaufman, A. 2020. Factor-analytic models of intelligence. In R. J. Sternberg, ed., *The Cambridge Handbook of Intelligence*, 75–98. Cambridge: Cambridge University Press.

Ward, J., and Singhvi, A. 2019. Trump claims there is a crisis at the border: What's the reality? *New York Times*, January 11. https://www.nytimes.com/interactive/2019/01/11/us/politics/trump-border-crisis-reality.html.

Warne, R. T., Astle, M. C., and Hill, J. C. 2018. What do undergraduates learn about human intelligence? An analysis of introductory psychology textbooks. *Archives of Scientific Psychology* 6 (1): 32–50.

Washburn, A. N., and Skitka, L. J. 2018. Science denial across the political divide: Liberals and conservatives are similarly motivated to deny attitude-inconsistent science. *Social Psychological and Personality Science* 9 (8): 972–980.

Wason, P. C. 1966. Reasoning. In B. M. Foss ed., *New horizons in psychology 1*. Harmondsworth, UK: Pelican.

Wason, P. C. 1969. Regression in reasoning? *British Journal of Psychology* 60 (4): 471–480.

Wasserman, D. 2014. Senate control could come down to Whole Foods vs. Cracker Barrel. *FiveThirtyEight*. October 8. https://fivethirtyeight.com/features/senate-control-could-come-down-to-whole-foods-vs-cracker-barrel/.

Wasserman, D. 2020. To beat Trump, Democrats may need to break out of the "Whole Foods" bubble. *New York Times*, February 27. https://www.nytimes.com/interactive/2020/02/27/upshot/democrats-may-need-to-break-out-of-the-whole-foods-bubble.html.

Weaver, E. A., and Stewart, T. R. 2012. Dimensions of judgment: Factor analysis of individual differences. *Journal of Behavioral Decision Making* 25 (4): 402–413.

Weeden, J., and Kurzban, R. 2014. *The hidden agenda of the political mind: How selfinterest shapes our opinions and why we won't admit it*. Princeton: Princeton University Press.

Weeden, J., and Kurzban, R. 2016. Do people naturally cluster into liberals and conservatives? *Evolutionary Psychological Science* 2 (1): 47–57.

Weinstein, B. 2019. *Twitter*, January 11. https://twitter.com/BretWeinstein/status/1083852331618193408.

Weinstein, N. 1980. Unrealistic optimism about future life events. *Journal of Personality and Social Psychology* 39 (5): 806–820.

Weller, J., Ceschi, A., Hirsch, L., Sartori, R., and Costantini, A. 2018. Accounting for individual differences in decision-making competence: Personality and gender differences. *Frontiers in Psychology* 9. Article 2258. https://www.frontiersin.org/articles/10.3389/fpsyg.2018.02258/full.

West, R. F., Meserve, R. J., and Stanovich, K. E. 2012. Cognitive sophistication does not attenuate the bias blind spot. *Journal of Personality and Social Psychology* 103 (3): 506–519.

West, T. V., and Kenny, D. A. 2011. The truth and bias model of judgment. *Psychological Review* 118 (2): 357–378.

Westen, D., Blagov, P., Kilts, C., and Hamann, S. 2006. Neural bases of motivated reasoning: An fMRI study of emotional constraints on partisan political judgment in the 2004 U.S. presidential election. *Journal of Cognitive Neuroscience* 18 (11): 1947–1958.

Westfall, J., Van Boven, L., Chambers, J. R., and Judd, C. M. 2015. Perceiving political polarization in the United States: Party identity strength and attitude extremity exacerbate the perceived partisan divide. *Perspectives on Psychological Science* 10 (2): 145–158.

Westwood, S. J., Iyengar, S., Walgrave, S., Leonisio, R., Miller, L., and Strijbis, O. 2018. The tie that divides: Cross-national evidence of the primacy of partyism. *European Journal of Political Research* 57 (2): 333–354.

Wetherell, G. A., Brandt, M. J., and Reyna, C. 2013. Discrimination across the ideological divide: The role of value violations and abstract values in discrimination by liberals and conservatives. *Social Psychological and Personality Science* 4 (6): 658–667.

Williams, W. M., and Ceci, S. J. 2015. National hiring experiments reveal 2:1 faculty preference for women on STEM tenure track. *Proceedings of the National Academy of Sciences* 112 (17): 5360–5365.

Wilson, D. S. 2002. *Darwin's cathedral.* Chicago: University of Chicago Press.

Wolfe, C. R., and Britt, M. A. 2008. The locus of the myside bias in written argumentation. *Thinking and Reasoning* 14 (1): 1–27.

Wolff, R., Moore, B., and Marcuse, H. 1969. *A critique of pure tolerance.* Boston: Beacon Press.

Wright, J. P., Motz, R. T., and Nixon, T. S. 2019. Political disparities in the academy: It's more than self-selection. *Academic Questions* 32 (3): 402–411.

Wynn, K. 2016. Origins of value conflict: Babies do not agree to disagree. *Trends in Cognitive Sciences* 20 (1): 3–5.

Yilmaz, O., and Alper, S. 2019. The link between intuitive thinking and social conservatism is stronger in WEIRD societies. *Judgment and Decision Making* 14 (2): 156–169.

Yilmaz, O., and Saribay, S. 2016. An attempt to clarify the link between cognitive style and political ideology: A non-western replication and extension. *Judgment and Decision Making* 11 (3): 287–300.

Yılmaz, O., and Saribay, S. 2017. The relationship between cognitive style and political orientation depends on the measures used. *Judgment & Decision Making* 12 (2): 140–147.

Yilmaz, O., Saribay, S., and Iyer, R. 2020. Are neo-liberals more intuitive? Undetected libertarians confound the relation between analytic cognitive style and economic conservatism. *Current Psychology* 39 (1): 25–32.

Yudkin, D., Hawkins, S., and Dixon, T. 2019. The perception gap: How false impressions are pulling Americans apart. *More in Common.* https://psyarxiv.com/r3h5q/.

Zigerell, L. J. 2018. Black and White discrimination in the United States: Evidence from an archive of survey experiment studies. *Research & Politics* 5 (1). 2053168017753862.

Zimmer, B. 2020. "Infodemic": When unreliable information spreads far and wide. *Wall Street Journal*, March 5. https://www.wsj.com/articles/infodemic-when-unreliable-information-spreads-far-and-wide-11583430244.

Zito, S., and Todd, B. 2018. *The great revolt: Inside the populist coalition reshaping American politics.* New York: Crown Forum.